Nachhaltigkeit

Campus »Einführungen«

Herausgegeben von
Thorsten Bonacker (Marburg)
Hans-Martin Lohmann (Frankfurt a. M.)

Armin Grunwald ist Leiter des Instituts für Technikfolgenabschätzung und Systemanalyse des Forschungszentrums Karlsruhe (ITAS), Professor an der Universität Freiburg sowie Leiter des Büros für Technikfolgenabschätzung des Deutschen Bundestags. *Jürgen Kopfmüller*, Dipl.-Volkswirt, ist wissenschaftlicher Mitarbeiter am ITAS sowie Vorsitzender der Vereinigung für Ökologische Ökonomie (VÖÖ).

Armin Grunwald, Jürgen Kopfmüller

Nachhaltigkeit

Campus Verlag
Frankfurt/New York

Bibliografische Information der Deutschen Bibliothek
Die Deutsche Bibliothek verzeichnet diese Publikation in der Deutschen Nationalbibliografie. Detaillierte bibliografische Daten sind im Internet über http://dnb.ddb.de abrufbar.
ISBN-10 3-593-37978-3
ISBN-13 978-3-593-37978-4

Umschlaggestaltung: Guido Klütsch, Köln
Umschlagmotiv: © ullstein bild, Berlin
Druck und Bindung: Druckpartner Rübelmann, Hemsbach
Gedruckt auf säurefreiem und chlorfrei gebleichtem Papier.
Printed in Germany

Besuchen Sie uns im Internet: www.campus.de

Inhalt

1. Einleitung

Das Leitbild der nachhaltigen Entwicklung (*sustainable development)* hat sich in den letzten zwanzig Jahren weltweit zu dem zentralen Begriff entwickelt, anhand dessen über die zukünftige Entwicklung der Menschheit diskutiert wird. Es bezeichnet einen *Prozess* gesellschaftlicher Veränderung, während der Begriff der *Nachhaltigkeit* (*sustainability*) das Ende eines solchen Prozesses, also einen Zustand beschreibt. In dieser Einführung werden wir vorwiegend den Begriff *nachhaltige Entwicklung* verwenden. Nach der heute überwiegend akzeptierten Definition ist nachhaltige Entwicklung dann realisiert, wenn sie

»die Bedürfnisse der Gegenwart befriedigt, ohne zu riskieren, dass künftige Generationen ihre eigenen Bedürfnisse nicht befriedigen können« (Hauff 1987: 46).

Sie zielt auf eine Umsteuerung, die die Lebenssituation der heutigen Generation verbessert (Entwicklung) und gleichzeitig die Lebenschancen künftiger Generationen nicht gefährdet (Erhalt der sozialen, wirtschaftlichen und natürlichen Grundlagen der Gesellschaft). Nachhaltige Entwicklung ist kein ausschließlich wissenschaftlich bestimmbarer Begriff, sondern ein gesellschaftlich-politisches und damit *normatives* Leitbild.

Gerechtigkeit als ethisches Fundament

Nachhaltige Entwicklung hat in ethischer Hinsicht ein doppeltes Fundament: Einerseits betrifft sie die aktive Übernahme von Verantwortung für zukünftige Generationen (Zukunftsverantwortung), andererseits spielen Gerechtigkeitsüberlegungen unter den heute Lebenden

(Verteilungsgerechtigkeit) ebenfalls eine tragende Rolle. Diese Situation hat Folgen: Ein begriffliches Doppelverständnis zieht sich durch sämtliche Diskussionen zur nachhaltigen Entwicklung hindurch. Zum einen geht es um eine – eher statische – *Erhaltung* von natürlichen und kulturellen Ressourcen im Interesse zukünftiger Generationen. Zum anderen steht – dynamisch – die *nachhaltige Entwicklung* der Gesellschaft im Mittelpunkt, mit der Betonung auf dem Entwicklungsgedanken zur Verbesserung der Situation vieler heute lebender Menschen.

Globale Bedeutung

Das Leitbild der nachhaltigen Entwicklung ist auf der politischen Ebene zumindest programmatisch weltweit anerkannt. Die Suche nach Kriterien, Leitlinien und Umsetzungsstrategien für eine nachhaltige Entwicklung ist zu einem zentralen Thema der nationalen und internationalen Umwelt-, Forschungs- und Entwicklungspolitik sowie von Wirtschaft, Wissenschaft und Zivilgesellschaft geworden. Auf der UN-Konferenz für Umwelt und Entwicklung (UNCED) 1992 in Rio de Janeiro verpflichtete sich die internationale Staatengemeinschaft, das Leitbild in konkrete Politik auf nationaler und globaler Ebene umzusetzen. Nationale Nachhaltigkeitsstrategien sind mittlerweile in vielen Ländern ausgearbeitet worden und befinden sich in der Umsetzung. In Deutschland wurde 2001 durch die Bundesregierung ein Rat für Nachhaltige Entwicklung berufen (www.nachhaltigkeitsrat.de). Im Jahre 2002 wurde die deutsche Nachhaltigkeitsstrategie veröffentlicht (Bundesregierung 2002). Auf regionaler und lokaler Ebene wurde seit 1992 weltweit eine Fülle von Lokalen Agenda 21-Initiativen durchgeführt.

Wirtschaft

Auch in der Wirtschaft hat das Leitbild der nachhaltigen Entwicklung Fuß gefasst (Fussler 1999). Viele Unternehmen haben entsprechende Strategien und Geschäftsmodelle entwickelt und sich einem Unternehmensethos der Nachhaltigkeit verpflichtet. Zur internationalen Koordination wurde der *World Business Council of Sustainable*

Development (WBCSD) gegründet (www.wbcsd.org). Gewerkschaften betonen die soziale Dimension der nachhaltigen Entwicklung und die zentrale Rolle der Arbeit sowie die Problematik der Chancengleichheit und der gerechten Verteilung des gesellschaftlichen Wohlstandes.

Zivilgesellschaft

Parallel dazu dient das Leitbild auch in vielen zivilgesellschaftlichen Gruppen als Orientierung. Global arbeitende Nichtregierungsorganisationen betätigen sich als Warner und Mahner, genauso wie sich auf regionaler und lokaler Ebene Bürgerinitiativen und Einzelpersonen engagieren. Teilweise wird mit dem Nachhaltigkeitsleitbild auch an frühere sozialistische Kritik am Kapitalismus sowie an aktuelle Argumente der Globalisierungskritiker angeknüpft. Beispielsweise hat sich als Gegengewicht zum Weltwirtschaftsforum in Davos ein *Weltsozialforum* etabliert. Der Begriff der nachhaltigen Entwicklung ist damit paradoxerweise einerseits ohne Globalisierung kaum denkbar, denn sonst wäre das Interesse für die Entwicklung der Menschheit als ganzer nicht entstanden. Andererseits wird vor dem Hintergrund der Kritik an bestimmten Formen und Folgen der Globalisierung versucht, nachhaltige Entwicklung trotz Globalisierung auf den Weg zu bringen (Douthwaite 1996, Hey/Schleicher-Tappeser 1998, Petschow et al. 1998).

Kirchen

Auch kirchliche Gruppen sind weltweit für eine nachhaltige Entwicklung engagiert. In religiös motivierten Ansätzen findet sich die Dualität der Nachhaltigkeit wieder. Sie wird zum einen als »Bewahrung der Schöpfung« verstanden, zum anderen stehen die Vision einer gerechten Weltordnung und der Entwicklungsgedanke im Mittelpunkt , wie sie etwa der Idee eines »Weltethos«, einer verbindenden normativen Ebene zwischen den Weltreligionen (Küng 1990) oder der katholischen Soziallehre entsprechen (Hengsbach 2000). Auch in den anderen Weltreligionen wie Buddhismus und Islam wird über nachhaltige Entwicklung nachgedacht.

Dass dieser Begriff in so kurzer Zeit zentral für viele, vormals getrennt laufende Debatten rund um den Globus geworden ist, ist auf den ersten Blick erstaunlich. Ein wesentlicher Grund für diese Begriffskarriere dürfte darin liegen, dass das Leitbild auf problematische Entwicklungstrends der Weltgesellschaft Bezug nimmt. Im Nachhaltigkeitsbegriff drücken sich einerseits die Sorgen vieler Menschen um die zukünftige Entwicklung im globalen Maßstab aus. Andererseits steht nachhaltige Entwicklung gleichzeitig als ein normatives Leitbild auch konstruktiv für Bemühungen um eine Verbesserung der Lebensverhältnisse. Damit bietet das Leitbild die Gelegenheit, das Unbehagen im Sinne eines »so kann es nicht unbegrenzt weitergehen« auf den Punkt zu bringen und gleichzeitig nach Möglichkeiten der Umsteuerung zu suchen. Hier zeigt sich eine zweite Dualität des Leitbilds: Zum einen stellt es eine Reaktion auf bestehende Probleme dar, zu denen die globale Umwelt- und Entwicklungsproblematik genauso gehören wie Arbeitslosigkeit und Armut. Zum anderen wirft die Bewältigung dieser Probleme unausweichlich Fragen nach gesellschaftlichen Zielvorstellungen und Visionen für die Zukunft auf. In diesem Kontext werden in der Nachhaltigkeitsdiskussion auch positive Zukunftsentwürfe einer gerechten Gesellschaft und des »guten Lebens« behandelt.

Globaler Wandel

Die Problemorientierung als eine wesentliche Motivation der Nachhaltigkeitsdiskussion wird aus vielen Quellen gespeist. Hierzu gehören – und diese werden in den industrialisierten Ländern am häufigsten thematisiert – globale Ressourcen- und Umweltprobleme. Auf die Endlichkeit und absehbare Erschöpfung vieler für die Industriegesellschaft lebenswichtiger Rohstoffe, beispielsweise der fossilen Energieträger, auf den Klimawandel und seine anthropogene Komponente, die Gefährdung der langfristigen Verfügbarkeit von sauberem Trinkwasser, die Verschmutzung der Ozeane und den sukzessiven Verlust von Böden oder ihrer Fruchtbarkeit wird immer wieder hingewiesen. Die Belastbarkeit der natürlichen Umwelt wird zunehmend als begrenzt wahrgenommen.

Soziale Probleme wie Hunger, Armut, Bevölkerungszunahme, Migration und Perspektivlosigkeit von Teilen der »Dritten Welt« bilden die zweite große – und vor allem in den Entwicklungsländern mit nachhaltiger Entwicklung verbundene – Problemgruppe. Vielfach werden globale Umweltprobleme und globale soziale Probleme unter dem Begriff *Globaler Wandel* zusammengefasst (WBGU 1996, Kopfmüller 2003). Dabei ist zu berücksichtigen, dass viele dieser Probleme sich wechselseitig beeinflussen. Auch Arbeitslosigkeit, Bildungsdefizite, die Zukunft der sozialen Sicherungssysteme, Staatsverschuldung, Folgen der Globalisierung, die Rolle der internationalen Finanzmärkte, Chancengleichheit, Probleme regionaler Identitäten und Kulturen werden unter Nachhaltigkeitsaspekten thematisiert.

Gestaltungserfordernis

Nachhaltige Entwicklung betrifft damit das Verhältnis von menschlicher Wirtschaftsweise, den sozialen Grundlagen einer Gesellschaft und den verfügbaren natürlichen Ressourcen auf globaler Ebene. Mit dem Leitbild ist somit eine Gestaltungsaufgabe in einer Komplexität verbunden, die einmalig in der Menschheitsgeschichte ist: Die Menschheit bzw. Weltgesellschaft »als Ganzes« wird zum Objekt von bewusster Gestaltung. In diesem Rahmen sind Steuerungsleistungen auf lokaler, regionaler, nationaler und globaler Ebene erforderlich. Die jeweiligen Akteure sind dabei konfrontiert mit der Ungewissheit und Unvollständigkeit des Wissens über die komplexen Nachhaltigkeitsprobleme, mit dem Vorliegen teils unvereinbarer und von verschiedenen Interessen dominierter Bewertungen, mit der Begrenztheit ihrer Steuerungsfähigkeit sowie mit der Vielfalt und Konfliktträchtigkeit der vorgeschlagenen Maßnahmen für mehr Nachhaltigkeit.

Wissen

Die Umsetzung der Nachhaltigkeitsidee ist auf umfangreiches Wissen angewiesen. Die Wissenschaften sind gefordert, zur Konkretisierung von Nachhaltigkeit, zur Diagnose von Nachhaltigkeitsproblemen und zur Entwicklung geeigneter Therapien beizutragen. Nachhaltige Entwicklung ist bereits Thema in vielen Studiengängen an Universitäten und Fachhochschulen und gehört zum festen Inventar nationaler, europäischer und internationaler Forschungsprogramme. Darüber hinaus gibt es weitergehende Bestrebungen, die verschiedenen Perspektiven und Erkenntnismöglichkeiten der Wissenschaft im Sinne einer »Wissenschaft für Nachhaltigkeit« (*science for sustainability*) inter- und transdisziplinär zu bündeln.

Handeln unter Unsicherheit

Der Weg hin zu einer nachhaltigen Entwicklung stellt einen ethisch orientierten Such-, Lern- und Erfahrungsprozess dar. Das Vorliegen nur lückenhaften Wissens und provisorischer Bewertungen liefert allerdings angesichts der realen Problemlagen keinen Grund, nachhaltigkeitswirksames Handeln zurückzustellen. Handeln ist auch ohne vollständiges und sicheres Wissen möglich – und oft aus Vorsorgegedanken heraus auch nötig. Die Bewältigung dieser Herausforderungen – in so konkreten Bereichen wie Energie, Mobilität, Klimaschutz, kommunaler Planung, Zukunft der Sozialversicherungssysteme, demografischer Wandel oder Landwirtschaft – erfordert allerdings neue und zum Teil tiefgreifende Maßnahmen sowie veränderte Denkweisen, die sich zum Teil erst in Umrissen abzeichnen und häufig noch ausgesprochen kontrovers sind.

Vielzahl an Literatur

Mit der erstaunlichen Begriffskarriere des Nachhaltigkeitsleitbildes ist gleichzeitig die verfügbare Literatur zum Thema stark angewachsen. An Büchern zu einzelnen Aspekten der Nachhaltigkeit (etwa in den Bereichen Wohnen/Bauen, Mobilität oder Energie) besteht genauso wenig ein Mangel wie an theoretischen Darstellungen von Nachhaltigkeitskonzepten. Dieses reichhaltige Informationsangebot ist in der Regel auf Fach- und Expertenkreise zugeschnitten. Der Tatsache, dass das Thema der nachhaltigen Entwicklung in den letzten Jahren jedoch weit über den wissenschaftlichen Raum hinaus an Bedeutung gewonnen hat, ist der Bedarf an einer umfassenden, gleichwohl knappen Einführung geschuldet.

Aufbau des Buches

Das vorliegende Buch folgt im Wesentlichen der Idee, dass das Leitbild nachhaltiger Entwicklung sowohl die Formulierung von Entwicklungszielen als auch die Diagnose von Problemen erfordert. Vor diesem Hintergrund geht es darum, über verschiedene Stufen der Konkretisierung und Umsetzung zu einer Lösung dieser Probleme angesichts der gesetzten Ziele zu gelangen. Die Darstellung der Motivationen, über nachhaltige Entwicklung nachzudenken, erfolgt im Spiegel der geschichtlichen Entwicklungen, die diesen Begriff in seiner heutigen Form geprägt haben (Kap. 2). Dabei haben sich ethische Grundlagen genauso herausgebildet wie Anforderungen an die praktische Umsetzbarkeit (Kap. 3). Die Umsetzung selbst bedarf einer Reihe von Schritten, deren Gesamtheit als Operationalisierung bezeichnet wird. Am Anfang stehen konzeptionelle Grundentscheidungen, etwa im Hinblick auf die Gewichtung der Erhaltung der natürlichen Umwelt relativ zu anderen Entwicklungsaspekten (Kap. 4). Dem Brückenschlag in die konkrete Praxis hinein dient der Schritt, durch Indikatoren nachhaltige Entwicklung »messbar« zu machen und darauf Strategien einer Annäherung an Nachhaltigkeit aufzubauen (Kap. 5). Besonderes Gewicht haben Überlegungen und Maßnahmen zu einer nachhaltigen Entwicklung in den zentralen gesellschaftlichen Bedürfnisfeldern wie Energie, Ernährung oder Wasser (Kap. 6). Nachhaltige Entwicklung als hoch komplexe Gestaltungsaufgabe bedarf des engagierten Einsatzes und der Zusammenarbeit vieler gesellschaftlicher Akteure (Kap. 7) und des abgestimmten Vorgehens auf den verschiedenen politischen Ebenen (Kap. 8). In allen Schritten von der Diagnose bis hin zur Therapie von Nachhaltigkeitsdefiziten spielt die Bereitstellung von Wissen und technischen, institutionellen sowie sozialen Innovationen eine große Rolle (Kap. 9). Für die Präzisierung und Umsetzung des Nachhaltigkeitsleitbildes ist die öffentliche Wahrnehmung bedeutsam, wobei durchaus unterschiedliche Akzentuierungen in interkultureller Perspektive bestehen (Kap. 10). Die Einführung schließt mit zehn Thesen, die auf die gegenwärtige Situation und die aus unserer Sicht erforderlichen nächsten Schritte zugespitzt sind (Kap. 11).

2. Entstehungsgeschichte

2.1 Ursprünge des Leitbildes nachhaltiger Entwicklung

Forstwirtschaft

Der Begriff »Nachhaltigkeit« tauchte erstmals Anfang des 18. Jahrhunderts in der Forstwirtschaft unter der Zielsetzung auf, ökonomische Erwägungen mit dem Faktor Natur in Einklang zu bringen. Vielfach wird die Abhandlung »Sylvicultura Oeconomica« des sächsischen Oberberghauptmanns von Carlowitz aus dem Jahr 1713 als erstmalige Erwähnung genannt. Landwirtschaftliche Aktivitäten sowie zunehmender industrieller Holzbedarf (Berg- und Hüttenwerke) hatten zu einer Übernutzung der Wälder geführt. Angesichts der knapper werdenden Holzbestände wurde unter nachhaltiger Forstwirtschaft eine Bewirtschaftungsweise verstanden, die auf einen möglichst hohen, gleichzeitig aber dauerhaften Holzertrag der Wälder abzielte: Es sollte pro Jahr nicht mehr Holz geschlagen werden als nachwächst. Dieses (ressourcenökonomische) Prinzip, das das ökonomische Ziel der maximalen dauerhaften Nutzung des Waldes mit den ökologischen Bedingungen des Nachwachsens kombinierte, wurde ein Vorbild für spätere Nachhaltigkeitsüberlegungen. Es bedeutet, von den Erträgen einer Substanz und nicht von der Substanz selbst zu leben, also von den Zinsen und nicht vom Kapital. Mit dem Konzept des *maximum sustainable yield* fand der Nachhaltigkeitsbegriff Anfang des 20. Jahrhunderts auch Eingang in die Fischereiwirtschaft: Das Ausmaß des Fischfangs sollte sich an der Reproduktionsfähigkeit der Fischbestände orientieren, um maximale Erträge dauerhaft erzielen zu können.

Belastungsgrenzen von Wirtschaft und Gesellschaft

In wissenschaftlichen Ansätzen haben Überlegungen zur Beständigkeit, zur Stabilität und zu Belastungsgrenzen von Wirtschaft und Gesellschaft eine gewisse Tradition, insbesondere seit der Industriellen Revolution. In den Anfängen der Wirtschaftswissenschaften wurde dem Faktor Natur (z.B. dem Boden als Grundlage der Ernährung) eine hohe Bedeutung für die wirtschaftliche Entwicklung zugemessen. So war John Stuart Mills (1806–1873) Idee einer »stationären« Wirtschaft bzw. Gesellschaft nicht ausschließlich von ethischen und Gerechtigkeitsaspekten, sondern auch von Überlegungen geprägt, die man heute mit dem Begriff der *Ressourcenschonung* beschreiben würde. Am bekanntesten wurden in diesem Zusammenhang die Überlegungen von Robert Malthus zum Zusammenhang zwischen der Bevölkerungszahl und den zur Ernährung benötigten, natürlichen Ressourcen. Malthus hatte vor dem Hintergrund des seit der Industriellen Revolution starken Bevölkerungswachstums in England ein Missverhältnis zwischen der verfügbaren Ressourcenmenge und der Bevölkerungszahl diagnostiziert. Als Folge prognostizierte er Hungersnöte, Epidemien und Kriege. Diese Arbeiten werden häufig als erstmalige systematische Abhandlung über die Wachstumsgrenzen in einer endlichen Welt und als eine frühe Quelle der Nachhaltigkeitsdebatte interpretiert.

Nachhaltiges Einkommen

In dem Maße jedoch, wie fortschrittliche Methoden in Land- und Ernährungswirtschaft eine Verbesserung der Nahrungsmittelversorgung ermöglichten und die Bevölkerungszahlen trotz steigender Konsummöglichkeiten nicht in dem vorhergesagten Maß stiegen, sogar teilweise konstant blieben, fand die pessimistische These von Malthus immer weniger Resonanz und galt schließlich als widerlegt. Weil der wissenschaftlich-technische Fortschritt ein unbegrenztes Wachstum zu erlauben schien, wurden natürliche Grenzen des Wachstums bis Mitte des 20. Jahrhunderts kaum thematisiert. In den Wirtschaftswissenschaften findet sich die oben genannte Idee des *maximum sustainable yield* erstmals in dem in den 40er Jahren des 20. Jahrhunderts von John Hicks formulierten Einkommensbegriff (Klauer 1998): Danach ist das »Einkommen« der Teil der zur Verfügung stehenden Gütermenge, der verbraucht werden kann, ohne künftige Konsummöglichkeiten einzuschränken. Dieses Verständnis von Einkommen wurde beispielsweise bei der Berechnung des Volkseinkommens in der Volkswirtschaftlichen Gesamtrechnung aufgegriffen und liegt auch dem Prinzip der »Abschreibung für Abnutzung« bei Sachgütern zugrunde.

In der dominierenden neoklassischen Wirtschaftstheorie (Klepper 1999) blieb der Faktor Natur in der Analyse des Wirtschaftsprozesses allerdings weitgehend ausgeblendet oder wurde zumindest nicht seinen Knappheiten entsprechend behandelt (Daly 1999). Mehr als 200 Jahre lang war damit das Nachhaltigkeitsprinzip im Wesentlichen auf die Forst- und Fischereiwirtschaft sowie den steuerlichen Abschreibungsmechanismus begrenzt. Auf alle anderen Bereiche des Wirtschaftens hatte es keinen nennenswerten Einfluss.

2.2 Internationale Debatten über Umwelt und Entwicklung

Die Abhängigkeit der Menschheit von den natürlichen Grundlagen der Erde wurde erst in großem Umfange thematisiert, als der unbekümmerte Fortschrittsoptimismus gegen Ende der 1960er und Anfang der 1970er Jahre angesichts der negativen Folgen des technischen Fortschritts und der Produktions- und Lebensstile in den Industriestaaten ein Ende fand. Die Wahrnehmung der natürlichen Umwelt änderte sich radikal: Einerseits erschien sie durch den Menschen und seine Technik und Wirtschaft bedroht, andererseits wurde deutlich, dass gerade Technik und Wirtschaft auf eine hinreichend intakte natürliche Umwelt angewiesen sind. Die Erkenntnis, dass die menschliche Wirtschaftsweise die Grundlagen zu zerstören drohte, auf die sie angewiesen war, wirkte vor allem in den Industriestaaten zum Teil wie ein Schock.

Grenzen des Wachstums

Bedeutendster Ausdruck dessen war der Bericht »Die Grenzen des Wachstums« des *Club of Rome* (Meadows et al. 1972). Er kam zu dem Ergebnis, dass eine Fortschreibung der damals aktuellen Trends in Bevölkerungswachstum, Ressourcenausbeutung und Umweltverschmutzung im Laufe der nächsten hundert Jahre zu einem ökologischen Kollaps und in der Folge zu einem katastrophalen wirtschaftlichen Niedergang führen müsse. Verstärkt wurde die Wirkung des Berichts durch das – eher zufällige – zeitliche Zusammentreffen mit der ersten Ölkrise 1973. Obwohl der Bericht des Club of Rome konzeptionell und methodisch sehr angreifbar ist und sich die meisten seiner Aussagen nicht bewahrheitet haben, bewirkte er entscheidend, dass intensiver über die Zusammenhänge zwischen gesellschaftlichen Produktions- und Lebensstilen, Wirtschaftswachstum und der Verfügbarkeit bzw. Endlichkeit von Ressourcen nachgedacht wurde. Auch der 1980 erschienene Bericht »Global 2000« an den US-Präsidenten Carter (CEQ/U.S. State Department 1980) thematisierte die Ressourcen- und Bevölkerungsproblematik und ihre wechselseitige Verknüpfung und erzielte eine vergleichsweise große Aufmerksamkeit in der öffentlichen Debatte.

Entstehung der Umweltpolitik

Die Zunahme von Umweltbelastungen, etwa durch Luftschadstoffe oder im Bereich der Gewässerverschmutzung, trug parallel dazu bei, dass Umweltaspekten größeres Gewicht in Politik und Medien beigemessen wurde. So wurde 1972 in Stockholm auf der ersten großen

Umweltkonferenz der UN das Umweltprogramm der Vereinten Nationen (UNEP) gegründet. In der Folge dieser Konferenz wurden in zahlreichen Staaten eigenständige Umweltministerien geschaffen. Angesichts zunehmender Sensibilität für Umweltprobleme und erheblicher Schwierigkeiten bei ihrer Bewältigung wurde 1980 von der *International Union for the Conservation of Nature* (IUCN) in Zusammenarbeit mit verschiedenen UN-Organisationen wie UNEP die »World Conservation Strategy« erarbeitet (IUCN/UNEP/WWF 1980). Hier taucht der Begriff des *Sustainable Development* erstmals in einem etwas größeren wissenschaftlichen und politischen Kreis auf. Zentrale These dieser Strategie war – die Nähe zu dem forst- und fischereiwirtschaftlich geprägten Nachhaltigkeitsbegriff ist erkennbar –, dass eine dauerhafte ökonomische Entwicklung ohne die Erhaltung der Funktionsfähigkeit der Ökosysteme (vor allem der Landwirtschafts-, Wald-, Küsten- und Frischwassersysteme) nicht realisierbar sei.

Ressourcen- und Senkenproblematik

Stand zunächst klar die Endlichkeit der Ressourcen im Mittelpunkt – sowohl in Bezug auf erneuerbare Ressourcen wie Wald- und Fischbestände als auch in Bezug auf nicht erneuerbare Ressourcen wie Erdöl und Kohle –, so geriet in den achtziger Jahren die Senkenproblematik stärker in den Blick: Die natürliche Umwelt spielt für den Menschen nicht nur als Rohstofflager und Ressourcenquelle eine wesentliche Rolle, sondern auch als »Deponie« (Senke) für Abfälle und Emissionen. Aufnahme- und Verarbeitungskapazitäten der Umweltmedien Boden, Luft und Wasser sowie der Ökosysteme für Abfälle und Schadstoffemissionen sind jedoch begrenzt. Die schleichende Anreicherung von Rückständen der industriellen Produktion in Meerwasser, Grundwasser, Atmosphäre, Böden und in Lebewesen wurde zunehmend ebenso als ernsthafte Bedrohung der Zukunft der Menschheit eingeschätzt. Aufgrund der engen Relation zwischen dem Verbrauch von Ressourcen und entstehenden Emissionen (so hängen der Verbrauch fossiler Energieträger und das CO_2-Problem direkt zusammen) müssen die Ressourcen- und die Senkenproblematik stets im Zusammenhang gesehen werden.

Ressourcen- und Umweltprobleme haben darüber hinaus auch soziale Aspekte. Sie bestehen in ungerechter Verteilung von Zugangs- und Nutzungsmöglichkeiten begrenzter Ressourcen (wie Trinkwasser), aber auch in Bezug auf die soziale Verteilung der Folgen einer übermäßigen Belastung der Umwelt (z.B. im Hinblick auf Gesundheitsgefahren oder Folgen der Klimaveränderung).

Umwelt und Entwicklung

Im Rahmen der genannten Stockholmer UN-Konferenz 1972 wurde erstmals auf der internationalen Politikebene über die Verknüpfung zwischen Entwicklungs- und Umweltaspekten, insbesondere unter dem Stichwort *Ecodevelopment*, diskutiert, wie dies dann später charakteristisch für den Nachhaltigkeitsbegriff werden sollte. Die immer deutlicher erkennbaren gewaltigen Probleme der Entwicklungsländer – viele waren erst nach dem Zweiten Weltkrieg von den Kolonialmächten unabhängig geworden –, wie wirtschaftliche Unterentwicklung, Armut, mangelnde medizinische Versorgung und katastrophale hygienische Bedingungen, Hunger, korrupte oder diktatorische politische Systeme und die zunehmende Abkopplung von der Entwicklung in den Industrieländern, führten in den siebziger Jahren zu einer Fülle von Aktivitäten. Wichtige Akzente setzten die *Erklärung von Cocoyok*, das Abschlussdokument einer 1974 von UNEP und UNCTAD veranstalteten Konferenz im mexikanischen Cocoyok, und der *Dag-Hammarskjöld-Report* von 1975. Dort wurde erstmals neben dem Missstand der »Unterentwicklung« auch der der »Überentwicklung«, bezogen auf die verschwenderischen Lebensstile der Industriestaaten, angeprangert (Harborth 1991: 27ff.).

In der Folgezeit setzte sich zunehmend die Erkenntnis

durch, dass die von den Industriestaaten praktizierten Produktions- und Lebensstile aus verschiedenen Gründen nicht langfristig auf die übrige Welt – das heißt auf rund 80 Prozent der Weltbevölkerung – übertragbar seien. Daran anknüpfend wurde den Industriestaaten angesichts ihrer dominierenden Verantwortung für viele ökologische und sozioökonomische Probleme auch die Hauptlast bei deren Lösung zugewiesen. Der so genannte *Brandt-Report* von 1980 und der darauf folgende *Palme-Report* von 1983 – beide Ergebnisse der »Nord-Süd-Kommission« der Vereinten Nationen – zählen zu den ersten internationalen Dokumenten, die diese globale Perspektive der Entwicklungsthematik ausführlicher behandelten und auf die internationale politische Agenda brachten.

2.3 Die Brundtland-Kommission

Vor dem Hintergrund dieser wachsenden Probleme im ökologischen, aber auch im sozialen und ökonomischen Bereich (weltweite Rezession, internationale Schuldenkrise, Arbeitslosigkeit usw.) nahm 1983 die UN-Kommission für Umwelt und Entwicklung (*Brundtland-Kommission*) unter dem Vorsitz der norwegischen Ministerpräsidentin Gro Harlem Brundtland ihre Arbeit auf. Sie hatte das Ziel, Handlungsempfehlungen zur Erreichung einer dauerhaften Entwicklung zu erarbeiten (Hauff 1987: 1ff.). Ihr kommt das Verdienst zu, den Begriff der nachhaltigen Entwicklung erstmals einer breiteren, auch nichtwissenschaftlichen Öffentlichkeit als globales Entwicklungsleitbild näher gebracht zu haben. Es gelang der Kommission, ein Nachhaltigkeitsverständnis zu entwickeln, das bis heute weltweit als geeignete Ausgangsbasis für konkretere Strategien akzeptiert wird.

Brundtland-Bericht

In ihrem 1987 veröffentlichten Bericht »Unsere gemeinsame Zukunft« (Hauff 1987) stellte die Kommission drei Grundprinzipien in den Mittelpunkt ihrer Überlegungen: die globale Perspektive, die untrennbare Verknüpfung zwischen Umwelt- und Entwicklungsaspekten sowie die Realisierung von Gerechtigkeit zugleich in der intergenerativen Perspektive (Zukunftsverantwortung) und in der intragenerativen Perspektive (Verteilungsgerechtigkeit unter den heute lebenden Menschen).

Angesichts der vier als zentral angesehenen Problembereiche, Raubbau an den natürlichen Lebensgrundlagen, wachsende Ungleichheit in den Einkommens- und Vermögensverteilungen, zunehmende Anzahl in absoluter Armut lebender Menschen sowie Bedrohung von Frieden und Sicherheit, bedeute Nachhaltigkeit demgegenüber Bewahrung der Umwelt, Herstellung sozialer Gerechtigkeit und Gewährleistung von politischer Partizipation (Hauff 1987: 32ff.). Als vielfach zitierte und bis heute den meisten Arbeiten zur nachhaltigen Entwicklung zugrunde liegende Definition formulierte die Kommission:

»Sustainable development is development that meets the needs of the present without compromising the ability of future generations to meet their own needs.« (WCED 1987: 43)

Mit diesen Forderungen brachte die Kommission explizit eine ethische Perspektive in die Nachhaltigkeitsdiskussion. Sie stellt die menschlichen Bedürfnisse sowohl der gegenwärtig lebenden Menschen als auch der künftigen Generationen in den Mittelpunkt und nimmt eine klar anthropozentrische Position ein (Kopfmüller et al. 2001, Kap. 4.2.3).

Kritik

Allerdings ist nicht zu verkennen, dass die breite Zustimmung zu diesen Forderungen vor allem in der Allgemeinheit ihrer Formulierungen begründet war. Der Bericht der Kommission verbleibt auf einem ziemlich geringen Konkretisierungsgrad mit weiten Interpretationsspielräumen. Dies war der Preis für den Ansatz, zwischen zum Teil stark polarisierten Positionen zu vermitteln: zwischen der jeweiligen Fokussierung auf ökologische, ökonomische oder soziale Entwicklungsaspekte, zwischen verschiedenen entwicklungstheoretischen Ansätzen, zwischen verschiedenen Einschätzungen der Rolle des Wirtschaftswachstums und des technischen Fortschritts oder zwischen verschiedenen Konzepten der weltwirtschaftlichen Ordnung. Auch mussten – vielfach kritisierte – optimistische Annahmen über Wirtschaftswachstum und technischen Fortschritt gemacht werden, um einvernehmliche Handlungsstrategien für mehr Nachhaltigkeit vorschlagen zu können. Wenn auch der Bericht in diesen Fragen keine gebrauchsfertigen Rezepte geliefert hat, so bleibt ihm das Verdienst, mit seiner Problemanalyse und mit den genannten Grundforderungen weltweit eine breite und intensive Diskussion über geeignete Wege zur Umsetzung nachhaltiger Entwicklung angestoßen zu haben.

2.4 Der Weltgipfel von Rio und die Folgen

Rio-Konferenz

An weltweiter Publizität und politischer Gestaltungskraft gewann die Idee einer nachhaltigen Entwicklung durch die 1992 in Rio de Janeiro – auf Vorschlag der Brundtland-Kommission – abgehaltene UN-Konferenz für Umwelt und Entwicklung (UNCED), auch unter dem Begriff *Erdgipfel* bekannt. Dass die Konferenz erfolgreich endete und im Nachhinein als zentrales Ereignis der Geschichte der Bemühungen um nachhaltige Entwicklung gilt, beruhte auf der außergewöhnlichen Verhandlungsatmosphäre (»Geist von Rio«), dem besonderen Engagement einzelner Staaten und Staatengruppen sowie auf der umfangreichen Medienberichterstattung in Nord und Süd, die den politischen Druck auf die Entscheidungsträger erhöhte.

Rio-Dokumente

Auf der UN-Konferenz für Umwelt und Entwicklung in Rio de Janeiro wurden folgende Dokumente unterzeichnet (UN 1992):

- Die Rio-Deklaration zu Umwelt und Entwicklung. Auf der Basis des Grundsatzes, dass »das Recht auf Entwicklung so erfüllt werden muss, dass den Entwicklungs- und Umweltbedürfnissen heutiger und künftiger Generationen in gerechter Weise entsprochen wird«, wurden entwicklungs- und umweltpolitische Grundprinzipien zur Armutsbekämpfung, zur Bevölkerungspolitik, zum Recht auf Entwicklung für die bisherigen Entwicklungsländer und zur Anerkennung der Industriestaaten als Hauptverursacher der Umweltprobleme festgehalten.
- Die Agenda 21, ein Aktionsprogramm für Ziele, Maßnahmen und Instrumente zur Umsetzung des Leitbilds, in dem unterschiedliche Schwerpunkte für Industrie- und Entwicklungsländer gesetzt werden. Die breite Themenpalette dieser politischen Erklärung umfasst sozioökonomische Fragen (Armut, Gesundheit, Demografie oder Konsumverhalten), ökologische Aspekte (Klima, Wald, Wüsten, Meere, Artenvielfalt usw.), die Perspektive von Zielgruppen und Akteuren (Frauen, Kinder, Nichtregierungsorganisationen, lokale Initiativen, Industrie usw.) sowie Fragen geeigneter Umsetzungsinstrumente (internationale Kooperation, Bildung und Wissenschaft, Technologietransfer, Institutionen usw.).
- Die Klimarahmenkonvention mit dem Ziel einer »Stabilisierung der Treibhausgasemissionen in der Atmosphäre auf einem Niveau, auf dem eine gefährliche anthropogene Störung des Klimasystems verhindert wird«.
- Die Konvention über biologische Vielfalt (Biodiversitätskonvention) mit dem Ziel der »Erhaltung der biologischen Vielfalt, der nachhaltigen Nutzung ihrer Bestandteile und der gerechten Aufteilung der sich aus der Nutzung der genetischen Ressourcen ergebenden Vorteile«.
- Die Walderklärung mit dem Ziel, »zur Bewirtschaftung, Erhaltung und nachhaltigen Entwicklung der Wälder beizutragen und deren vielfältige und sich gegenseitig ergänzende Funktionen und Nutzungen zu sichern«.

Jedoch enthält keines der in Rio verabschiedeten Dokumente überprüfbare Verpflichtungen für die Vertragsstaaten. Selbst die völkerrechtlich verbindlichen Konventionen zum Schutz des Erdklimas und zum Erhalt der Biodiversität stellen lediglich Rahmenvereinbarungen dar, die ergänzender Vereinbarungen (etwa in Form von Protokollen mit konkreten Verpflichtungen) bedürfen, um konkrete Auswirkungen zu haben. Gänzlich ohne völkerrechtliche Verbindlichkeit sind die Rio-Deklaration, die Walderklärung und auch die Agenda 21. Aufgrund nicht ausräumbarer Meinungsverschiedenheiten treffen insbesondere diese Dokumente oftmals unklare oder gar widersprüchliche Aussagen (so zu Bevölkerungswachstum, Schuldenproblematik, Umweltfolgen von Wirtschaftswachstum und Handelsfragen). Trotz dieser Unzulänglichkeiten ging von der Rio-Konferenz ein großer und bis heute anhaltender Impuls aus.

Rio-Folgeprozess

Zur Umsetzung der Nachhaltigkeitsziele wurde eine Reihe von Folgeaktivitäten vereinbart. Dieser Rio-Folgeprozess hatte das Ziel, das Leitbild der nachhaltigen Entwicklung auf verschiedenen Ebenen in Politik und gesellschaftliches Handeln umzusetzen. Hierzu gehörte eine Serie von UN-Konferenzen, die sich direkt oder indirekt mit nachhaltiger Entwicklung beschäftigten wie die *Weltbevölkerungskonferenz* 1994 in Kairo und der *Weltsozialgipfel* 1995 in Kopenhagen. Die Koordination auf globaler Ebene wurde der *UN-Commission on Sustainable Development* (CSD) übertragen. Parallel dazu richten sich die Bemühungen darauf, die auf der Rio-Konferenz unterzeichneten und mittlerweile in Kraft getretenen Konventionen (Klimarahmenkonvention und Biodiversitätskonvention) durch ergänzende Protokolle zu konkretisieren. Eine Vereinbarung, die für die Industrieländer Mengenziele für die Emission von Treibhausgasen enthält (Kyoto-Protokoll), wurde auf der *Klimakonferenz in Kyoto* Ende 1997 verabschiedet und durch mehrere Nachfolgekonferenzen konkretisiert. Es trat im Februar 2005 in Kraft – allerdings ohne die beiden größten Emittenten USA und China.

UN-Millenniumsziele

In der *United Nations Millennium Declaration* vom September 2000 wurden die so genannten Millenniumsziele bezogen auf zentrale und globale Entwicklungsprobleme festgelegt. Diese Ziele sind: Beseitigung von extremer Armut und Hunger; Sicherstellung einer für alle zugänglichen Grundausbildung; Förderung der Chancengleichheit zwischen Mann und Frau; Reduktion der Kindersterblichkeit; Verbesserung der Gesundheit von Müttern; Zurückdrängung epidemischer Krankheiten wie HIV/AIDS, Tuberkulose und Malaria; Sicherstellung der ökologischen Nachhaltigkeit sowie die Etablierung einer globalen Partnerschaft für Entwicklungsangelegenheiten (http://www.un.org/millenniumgoals/).

Johannesburg-Konferenz

2002 fand, wie in Rio vereinbart, der *zweite Weltgipfel für nachhaltige Entwicklung* in Johannesburg statt. Dort wurde ein Aktionsplan verabschiedet, um grundlegende Probleme der Menschheit zu lösen und die Erde schonender zu bewirtschaften als bisher (vgl. Kap. 7.2). Dazu wurden neue Ziele und Umsetzungsprogramme für Umweltschutz und Armutsbekämpfung weltweit beschlossen. Danach soll zum Beispiel der Anteil der Weltbevölkerung ohne Zugang zu sanitärer Grundversorgung, insbesondere Abwasserentsorgung und zu unbedenklichem Trinkwasser, bis 2015 halbiert werden. Bis zum Jahr 2020 soll eine Minimierung der gesundheits- und umweltschädlichen Auswirkungen von Chemikalien erreicht werden. Der Anteil erneuerbarer Energien an der gesamten Energieversorgung soll weltweit deutlich erhöht werden. Bis zum Jahr 2010 soll eine deutliche Verlangsamung des Rückgangs der biologischen Vielfalt erreicht werden. Weiterhin soll ein Zehnjahres-Rahmenprogramm für nachhaltige Konsum- und Produktionsmuster (z.B. Kreislaufwirtschaft) aufgelegt werden. Um einen Konsens zwischen allen beteiligten Ländern zu erzielen, wurden die Ergebnisse zu einigen Punkten allerdings nur sehr allgemein oder unverbindlich formuliert.

Ernüchterung oder Aufbruch?

Trotz der weltweit großen Akzeptanz des Leitbilds nachhaltiger Entwicklung sind schwerwiegende Probleme weiterhin ungelöst. Sowohl in der Nachhaltigkeitsdiagnostik als auch in Bezug auf Handlungsstrategien und geeignete Maßnahmen bestehen noch weitgehende Kontroversen und Unklarheiten. Deswegen hat sich der anfängliche Optimismus der Nachhaltigkeitsdiskussion, wie er in der Folge der Rio-Konferenz zu erkennen war, relativiert. Entsprechend trug der Weltgipfel von Johannesburg auch Züge einer Ernüchterung. Die realen Probleme der gesellschaftlichen und wissenschaftlichen Konkretisierung von nachhaltiger Entwicklung werden allmählich sichtbar und treten in den Vordergrund – reale Probleme, wie sie angesichts der Größe der Herausforderung auch gar nicht anders zu erwarten waren. Die nächsten »großen« Meilensteine der Nachhaltigkeitsbewegung auf globaler Ebene sind das Jahr 2015, in dem die Millenniumsziele erreicht sein sollen, und das Jahr 2017, für das – 25 Jahre nach Rio – eine weltweite Bestandsaufnahme und Evaluierung der bis dahin erreichten und nicht erreichten Ziele vorgesehen ist.

Zusammenfassung

Als das »Geburtsjahr« des Begriffs der nachhaltigen Entwicklung im heutigen Verständnis gilt das Jahr 1987 mit der Veröffentlichung des Brundtland-Berichts. Dem voraus gingen Diskussionen, die bis in das 18. Jahrhundert zurückverfolgt werden können und die Ende der sechziger Jahre zu internationalen Debatten über Umwelt und Entwicklung führten. Die UNCED-Konferenz von Rio 1992 stellt den wichtigsten Meilenstein der politischen Verankerung des Nachhaltigkeitsleitbilds dar.

---

3. Grundlegende Prämissen

3.1 Verantwortung für zukünftige Generationen

Nachhaltige Entwicklung ist untrennbar mit Zukunftsverantwortung verbunden, die auch als intergenerative Gerechtigkeit (Kopfmüller et al. 2001) oder Generationengerechtigkeit (SRZG 2003) bezeichnet wird. Es geht dabei um die langfristige Sicherung und Weiterentwicklung der Grundlagen der menschlichen Zivilisation angesichts der begrenzten Belastbarkeit der natürlichen Umwelt und ökonomischer und sozialer Zukunftsrisiken.

Neuer kategorischer Imperativ

Hans Jonas (1979) hat sich vor dem Hintergrund drohender Gefährdungen des Fortbestands der Menschheit für eine neue Zukunftsethik eingesetzt:

»Niemals darf Existenz oder Wesen des Menschen im Ganzen zum Einsatz in den Wetten des Handelns gemacht werden.« (S. 81) Der neue »kategorische Imperativ« laute, so zu handeln, dass »die Wirkungen deiner Handlungen verträglich sind mit der Permanenz echten menschlichen Lebens auf der Erde« (S. 36).

In der Folge haben sich viele Ethiker mit Zukunftsverantwortung befasst (Birnbacher 1988, Ott/Döring 2004). Wesentliche Fragen sind, welche Verantwortung wir heute konkret gegenüber zukünftigen Generationen haben, wie weit unsere Verantwortung in die Zukunft reicht und was aus dieser Verantwortung für die Beschaffenheit des »Erbes« an unsere Nachkommen folgt, damit diese ebenfalls ihre Bedürfnisse erfüllen können.

Reichweite von Verantwortung

Zukunftsverantwortung gehört zum Selbstverständnis des Menschen und wird in einem gewissen Maß in wohl allen Kulturen und Gesellschaften praktiziert. Die Sorge um Kinder und Enkel, das Prinzip des Vererbens oder die Verpflichtung des modernen Staates zur Daseinsvorsorge sind Elemente einer derartigen Zukunftsverantwortung. Sie erstreckt sich traditionell zumeist auf drei bis vier Generationen in die Zukunft hinein. Nachhaltige Entwicklung fordert, die Zeitspanne, für die wir Verantwortung übernehmen, weit darüber hinaus auszudehnen. Allerdings bedeutet dies nicht, Verantwortung für beliebig weit in der Zukunft lebende Generationen in gleicher Intensität wahrnehmen zu müssen (Gethmann/Kamp 2001). Wenn jede Generation jeweils Verantwortung für die nächste übernimmt, dann würde dem Verantwortungsprinzip hinreichend Rechnung getragen werden können (sukzessive Verantwortung).

Zukunftsethische Überlegungen müssen sich konkret zu der Frage äußern, *was* wir zukünftigen Generationen hinterlassen und in welchem Zustand wir die Erde weitergeben sollen. Geht es nur darum, die essenziellen ökologischen Funktionen der Natur zu erhalten, die das Überleben der menschlichen Spezies garantieren, geht es um ein gutes Leben für eine möglichst große Zahl von Menschen über einen möglichst langen Zeitraum oder um Visionen einer gerechten Welt? Erschwert wird die Antwort dadurch, dass wir über die Bedürfnisse zukünftiger Generationen wenig wissen. Sicher kann man annehmen, dass sie auch Grundbedürfnisse wie Essen, Trinken, Wohnen und Gesundheit haben werden (*basic needs*). Aber bereits wie sich diese ausprägen, ist nicht vorhersehbar. Viel stärker gilt diese Nicht-Vorhersehbarkeit für gesellschaftliche Normen und Werte, für Konsummuster, Produktionsverhältnisse und politische Strukturen. Die Plausibilität, mit der Aussagen über Bedürfnisse zukünftiger Generationen gemacht werden können, nimmt mit der zeitlichen

Distanz ab. Daher wird vielfach der Ansatz vertreten, es könne nur darum gehen, »Mindestbedingungen eines menschenwürdigen Lebens« zu hinterlassen (Kopfmüller et al. 2001) oder die »Bedingungen der Möglichkeit« zu erhalten, damit zukünftige Generationen ihre Bedürfnisse befriedigen können.

Vorsorge statt Reparatur

Zukunftsverantwortung impliziert angesichts von Belastbarkeitsgrenzen der natürlichen Umwelt und sozialen sowie ökonomischen Problemen die Notwendigkeit von Vorsorge statt einer nachträglichen Reparatur bereits eingetretener Schäden. Insbesondere bei schleichenden Bedrohungen der natürlichen Ressourcen wie etwa der Anreicherung von Chemikalien in Böden, in den Ozeanen oder im Grundwasser, dem Klimawandel oder auch dem Ozonabbau ist eine vorbeugende Strategie geboten. Neben ethischen Erwägungen der Vermeidung möglicherweise irreversibler Schäden für die natürliche Umwelt und katastrophaler Risiken für den Menschen spielen häufig auch ökonomische Argumente eine Rolle. Denn eine Reparatur eingetretener Schäden ist eventuell gar nicht oder nur mit großem Aufwand möglich. Das Vorsorgeprinzip ist zumindest in der europäischen Umweltpolitik bereits fest verankert (Schomberg 2005).

3.2 Verantwortung für heute lebende Menschen

Verteilungsgerechtigkeit

Neben der Sorge um die Zukunft steht die Verantwortung für die *heute* Lebenden und damit die *gerechte Verteilung* der Chancen zur menschlichen Bedürfnisbefriedigung in der Gegenwart im Zentrum der Überlegungen zur nachhaltigen Entwicklung. Danach sind die Lösung der Entwicklungsproblematik und die Erreichung einer gerechteren Verteilung der Möglichkeiten der Bedürfnisbefriedigung nicht nur ethisch geboten, sondern stellen auch eine wesentliche Voraussetzung zur Wahrnehmung der Zukunftsverantwortung dar. Diese Sicht konsequent verfolgt bedeutet, Zukunftsverantwortung und Verantwortung gegenüber heute lebenden Menschen als zwei Seiten der gleichen Medaille anzusehen.

Ungerechtigkeit als Problemursache

Im Brundlandt-Bericht wird einerseits (ein Mehr an) Gerechtigkeit als Ziel nachhaltiger Entwicklung genannt. Gerechtigkeit wird in erster Linie daran gemessen, nach welchen Kriterien Naturressourcen, Wohlstand, Rechte, Pflichten, soziale und ökonomische Ressourcen sowie Einfluss- und Wahlmöglichkeiten verteilt werden. Andererseits wird Ungerechtigkeit (ungerechte Verteilung sowie ungerechte »Besitzstände«) als Ursache für globale Problemlagen und Konflikte identifiziert. Massive Ungerechtigkeiten im Zugang zu begrenzten Ressourcen führen zu gesellschaftlichen und sozialen Konflikten, wie in einigen Ländern im Hinblick auf knapper werdendes Trinkwasser. Ungerecht verteilte Lebensbedingungen führen häufig auch zu einer verschieden verteilten Abhängigkeit von Umweltrisiken. Naturkatastrophen wie Erdbeben, Überschwemmungen oder Erdrutsche finden häufig die meisten Opfer in den Slums der »Dritten Welt«, die an ungeeigneten Standorten »wild« und ohne Schutzmaßnahmen entstanden sind.

Neben bestehenden Verteilungsungerechtigkeiten auf globaler Ebene (Nord/Süd-Konflikt, s.u.) geraten zunehmend auch Gerechtigkeitsfragen innerhalb von Weltregionen und einzelnen Ländern in den Blick. Hierzu gehört vor allem die Frage der Chancengleichheit in Bezug auf Bildung, Einkommen und Teilhabe an gesellschaftlichen Entscheidungsprozessen, in Bezug auf die Rolle von Frauen sowie auf den Generationenkonflikt.

Nord/Süd-Konflikt

In der »Dritten Welt« wird Verteilungsgerechtigkeit häufig als der wichtigste Nachhaltigkeitsaspekt betrachtet, unter Hinweis auf die zwischen industrialisierten und Entwicklungsländern extrem ungleich verteilten Möglichkeiten menschlicher Bedürfnisbefriedigung. Diese betreffen nicht nur die dramatisch ungleiche Wohlstandsverteilung, sondern auch grundlegende Bedürfnisse des Menschen wie Ernährung (Kap. 6.3), Zugang zu sauberem Trinkwasser (Kap. 6.2) oder angemessenem Wohnraum (Kap. 6.5). Während die Möglichkeiten der Bedürfnisbefriedigung in vielen Entwicklungsländern nur mangelhaft oder gar nicht gegeben sind, führen Produktions- und Konsummuster in den Industrieländern zu erheblichen ökologischen Folgen, etwa durch den CO_2-Ausstoß, unter denen zum Teil die Entwicklungsländer zu leiden haben: Für die industrialisierten Länder, die sämtlich in gemäßigten klimatischen Breiten liegen, wird eher mit beherrschbaren Folgen des Klimawandels gerechnet, wohingegen dramatische Folgen wie die Zunahme tropischer Wirbelstürme und zunehmende Flutkatastrophen vor allem extrem arme Länder wie Bangladesh bedrohen würden, die kaum in der Lage sind, sich mit dieser Herausforderung auseinander zu setzen. Ein anderes Beispiel stellt der Gesundheitsbereich dar. Entwicklungsländer sind einerseits in Bezug auf die Risiken für bestimmte lebensbedrohliche Erkrankungen besonders anfällig, bedingt etwa durch mangelnde Qualität des Trinkwassers und Ernährungsprobleme. Andererseits verfügen sie über unzureichende Einrichtungen der Gesundheitsversorgung. Die gegenwärtige Ungerechtigkeit ist daher vielfach sogar eine doppelte. Trotz vorhandener – sicher nicht ausreichender – Maßnahmen der Unterstützung und zur Selbsthilfe wurden diese Verteilungsprobleme in den letzten Jahrzehnten zwar teilweise abgemildert, aber nicht grundsätzlich gelöst.

Geschlechterkonflikte

Unter dem Stichwort »Gender« werden die sozialen, nicht die biologischen Aspekte der Geschlechtlichkeit diskutiert. Wurde zunächst – in einem ökologischen Nachhaltigkeitsverständnis – nachhaltige Entwicklung als Versuch eingestuft, klassische Rollenverhältnisse festzuschreiben oder wiederherzustellen (Weller 2004: 87f.), eröffnete die Erweiterung der Perspektive auf Gerechtigkeitsfragen die unmittelbare Verknüpfung zwischen nachhaltiger Entwicklung und Geschlechtergerechtigkeit (Hemmati/Gardiner 2002). Direkte Chancenungerechtigkeiten zwischen Männern und Frauen in Bezug auf soziale Lage (Armut), Bildung, Familie, Beruf und Arbeitswelt (Schön et al. 2002) sowie eher »verborgene« Fragen geschlechtsspezifischer Problemwahrnehmung und Machtausübung sind hier wichtige Themen. Frauen haben zwar – als Ergebnis erst der vergangenen vierzig Jahre – in Bezug auf Bildung und ihre formale rechtliche Stellung in den meisten Industrieländern mit den Männern weitgehend gleichgezogen. Allerdings haben sie zumeist immer noch nicht die gleichen Chancen, ihre eigenen Talente und Lebenspläne zu verwirklichen. So finden sich Frauen überproportional in unteren Lohngruppen, sie werden häufig für die gleiche Leistung unterschiedlich entlohnt und ihre beruflichen Aufstiegschancen sind eingeschränkt. In manchen Kulturkreisen ist die Gleichstellung von Frauen darüber hinaus durch religiöse und traditionelle Vorstellungen stark behindert. So sind beispielsweise in einigen islamischen Ländern Frauen von Bildung weitgehend ausgeschlossen.

Gender Mainstreaming

Vor diesem Hintergrund sind Bemühungen zur Gleichstellung von Frauen ein bedeutendes Element von Nachhaltigkeitsaktivitäten. Im Amsterdamer Vertrag der EU wurde 1997 das so genannte »Gender Mainstreaming« vereinbart, um die Chancengleichheit der Geschlechter auf der Ebene staatlichen Handelns in allen Politikbereichen zu verankern. Darüber hinaus geht es auch darum, in allen Lebensbereichen »verborgene Androzentrismen und damit genderspezifische Realitätsverzerrungen aufzuspüren« (Schön et al. 2002: 4). Diese werden unter anderem darin gesehen, dass Ingenieure und Techniker in der großen Mehrheit Männer sind, wodurch geschlechterspezifische Machtverhältnisse in der Gestaltung von Technik und von Stoffströmen begründet seien, etwa im Textilbereich (Weller 2004). Auch sind frauenspezifische Lebens- und Arbeitsverhältnisse und ihre (teils geringe) gesellschaftliche Anerkennung ein wichtiges Teilthema. Hier ist ein erweitertes Verständnis der Ökonomie unter Berücksichtigung der Gesamtheit lebensnotwendiger Arbeiten, nicht nur der Erwerbsarbeit (vgl. Kap. 6.7), ein wichtiges Ziel (Schön et al. 2002). Mit einem »Gender Impact Assessment« (ebd.) sollen verborgene Felder mangelnder Geschlechtergerechtigkeit systematisch aufgedeckt werden (Weller 2004).

Generationenkonflikt

Eine gerechte Verteilung von Chancen und Belastungen zwischen den Generationen gehört zu den Bedingungen des sozialen Friedens. Die nachwachsende Generation bedarf angemessener und gesicherter Entfaltungsmöglichkeiten, während der älteren, aus dem Erwerbsleben ausgeschiedenen Generation die Teilnahme am gesellschaftlichen Leben und ein Altern in Würde ermöglicht werden muss. In den Industrieländern haben sich verschiedene Sozialversicherungssysteme entwickelt, die einen derartigen Generationenvertrag institutionell absichern sollen. Der demografische Wandel – sinkende Kinderzahlen, steigende Lebenserwartung und dadurch veränderte Altersstruktur – stellt in den letzten Jahren in vielen Industrieländern diese Systeme vor neue Herausforderungen.

Generationenvertrag

Der klassische Generationenvertrag stößt an seine Grenzen, wenn die Zahl der Einzahler in die Versicherungssysteme zu klein und die Zahl der Empfänger sowie deren Leistungsempfangsdauer zu groß werden. Beispielsweise hat die in den letzten Jahrzehnten in den meisten Industrieländern gestiegene Arbeitslosigkeit (Kap. 6.7) zu einem Rückgang bei den Einzahlern geführt. Dies führt zu steigenden Belastungen der jüngeren Generation zur Finanzierung der Sicherungssysteme. Das Stichwort der *Generationengerechtigkeit* (zu diesem Begriff SRZG 2003) ist vor allem aus diesen Gründen zu neuer Aktualität gelangt. Darüber hinaus existieren aber auch weitere Aspekte des Generationenkonflikts, so etwa die vielfach geringen Chancen älterer Arbeitnehmer auf einem stark angespannten Arbeitsmarkt, die Gefahr von Altersarmut als Folge von Langzeitarbeitslosigkeit oder die Gefahr, dass ältere Menschen durch die Geschwindigkeit des technischen Fortschritts von bestimmten Entwicklungen abgekoppelt werden könnten. Die »digitale Spaltung« der Gesellschaft in Personen, die mit Computer und Internet vertraut sind und deren Vorteile ausgiebig nutzen, und in – häufig ältere – Personen, die dies nicht können, ist hier ein häufig diskutiertes Phänomen (Compaine 2001).

3.3 Gestaltungserfordernisse und Operationalisierung

Weil die bestehenden Nachhaltigkeitsprobleme nur durch Veränderungen von Produktionsweisen und Lebensstilen gelöst werden können, bedarf es aktiver Gestaltung in Form von geeigneten Maßnahmen und Strategien, um auf eine nachhaltigere Entwicklung zuzusteuern. Die Übersetzung der grundlegenden Prämissen nachhaltiger Entwicklung in konkrete praktikable Aufgaben für Politik, Wissenschaft oder andere gesellschaftliche Gruppen – sie wird im Folgenden als »Operationalisierung« bezeichnet – bringt hohe Anforderungen mit sich, weil jede Konkretisierung auch inhaltliche Fragen aufwirft und häufig an gesellschaftliche Interessen und Positionen rührt.

Diagnosefähigkeit

Vor allem muss das Nachhaltigkeitsleitbild diagnostische Kraft haben, eine nachvollziehbare Bestimmung von

Nachhaltigkeitsproblemen und die Unterscheidung nachhaltiger oder nachhaltigerer Entwicklungen oder Zuständen von nicht oder weniger nachhaltigen erlauben (vgl. Kap. 4 und 5). In der Regel verbleiben trotz aller Forschung Ungewissheiten und Unvollständigkeiten des Wissens über viele Nachhaltigkeitsprobleme, ihre Ursachen und Möglichkeiten ihrer Lösung. Eine Politik der Nachhaltigkeit muss daher unter den Bedingungen teilweise unsicheren Wissens und vorläufiger Bewertungen stattfinden (Bechmann/Grunwald 2002). Angesichts dabei unweigerlich auftretender Bewertungskonflikte und Prioritätenprobleme und daraus resultierender Abwägungsnotwendigkeiten besteht eine wesentliche Anforderung an Theorie und Praxis nachhaltiger Entwicklung darin, Institutionen und Strategien zu entwickeln, wie die verschiedenen Konflikttypen konstruktiv bewältigt werden können (vgl. Kap. 7 und 8).

Partizipation

Partizipation wurde in den Rio-Dokumenten, insbesondere im Rahmen der Lokalen Agenda 21 (Kap. 8.1), als ein wesentliches Element nachhaltiger Entwicklung charakterisiert. Partizipative Verfahren der Meinungsbildung und Entscheidung sollen das beste verfügbare Wissen mobilisieren, zum Beispiel in lokalen oder regionalen Entscheidungen (zur Verkehrsinfrastruktur, Energieversorgung oder Abfallwirtschaft), und die Wertüberzeugungen der Bevölkerung in der Konkretisierung von Nachhaltigkeit berücksichtigen helfen. Durch die Mobilisierung sozialer Ressourcen dient sie auch einer gerechteren Verteilung von Macht und Einflussmöglichkeiten in gesellschaftlichen Entscheidungsprozessen.

Beachtung der Systemzusammenhänge

In Nachhaltigkeitsüberlegungen muss immer der Blick auch »auf das Ganze« gerichtet werden. Es darf nicht der Fall eintreten, dass Nachhaltigkeitsgewinne in bestimmten Regionen nur dadurch erreicht werden, dass die Probleme in andere Regionen verlagert (exportiert) werden. So ist es beispielsweise unter Nachhaltigkeitsaspekten sinnlos oder sogar kontraproduktiv, problematische Abfälle in Entwicklungsländer zu verbringen oder emissionsintensive Industrieproduktion nach Osteuropa zu verlagern, um die deutsche Nachhaltigkeitsbilanz zu verschönern.

Begriff der Nachhaltigkeit

Bei der Verwendung des Begriffs der Nachhaltigkeit sollte daher auf Folgendes geachtet werden:

- die Attribute nachhaltig, weniger oder nicht nachhaltig sollten ohne weitere Erläuterung nur der globalen Entwicklung im Ganzen zugeschrieben werden;
- Regionen, gesellschaftliche Bereiche, Politikfelder, Branchen, Techniklinien oder Innovationen können Beiträge zu einer nachhaltigen Entwicklung leisten, sind aber für sich weder nachhaltig noch nicht nachhaltig;
- zur Vermeidung von Missverständnissen und Überinterpretationen bieten sich häufig vergleichende Aussagen in Bezug auf Nachhaltigkeitsaspekte an.

Zusammenfassung

In der geschilderten historischen Entwicklung haben sich die Verantwortung für zukünftige Generationen und die Verantwortung für die heute lebenden Menschen in globaler Perspektive als ethische Grundlagen nachhaltiger Entwicklung herausgebildet. Daraus resultieren weit reichende Gestaltungserfordernisse und unter Umständen Konflikte zwischen verschiedenen Aspekten nachhaltiger Entwicklung.

4. Konzeptionen nachhaltiger Entwicklung

4.1 Starke und schwache Nachhaltigkeit

Kapital für menschliche Entwicklung

Orientiert an der wirtschaftswissenschaftlichen Praxis wird die Einteilung der Ressourcen, die die Menschheit für ihre Entwicklung und die Befriedigung der Bedürfnisse zur Verfügung hat, häufig nach verschiedenen »Kapitalarten« vorgenommen (Daly 1994, Serageldin/Steer 1994, Mohr 1997). Diese bestehen aus natürlichen Anteilen (*natürliches Kapital* wie Luft, Boden, Gewässer, Biodiversität, Rohstoffe) und aus vom Menschen hergestellten Anteilen (*künstliches Kapital* wie Maschinen, Gebäude, Wissen, soziale Strukturen, Viehherden).

Die Zukunftsverantwortung erfordert, diese Ressourcen möglichst ungeschmälert oder sogar erweitert an nachfolgende Generationen weiterzugeben. Dabei sind zwei grundsätzlich verschiedene Alternativen denkbar: Einerseits könnte die *Summe* von künstlichem und natürlichem Kapital Maßstab der Erhaltung bzw. Weiterentwicklung sein, andererseits könnte aber auch *jede einzelne Komponente* für sich erhalten oder weiter entwickelt werden. Wer Erhaltung für die Summe fordert, nimmt natürliches und künstliches Kapital als austauschbar an. Einbußen durch Verminderung des Naturbestandes (etwa durch eine Nutzung nicht erneuerbarer mineralischer Rohstoffe oder fossiler Energieträger) können danach durch eine Vermehrung von Kapitalgütern menschlichen Ursprungs (wie Produktionsanlagen oder Technologien) ausgeglichen werden. Dieser als *schwache Nachhaltigkeit* bezeichnete Ansatz ist vor allem in den Wirtschaftswissenschaften, speziell in der neoklassischen Ökonomie, verbreitet (Klepper 2002).

Wer dagegen eine Nicht-Austauschbarkeit natürlicher und künstlicher Ressourcen annimmt, muss beide Anteile für sich erhalten bzw. entwickeln (Daly 1999: 110ff.; Ott/Döring 2004). Diese Position der *starken Nachhaltigkeit* hat weit reichende Konsequenzen für Umwelt- und Naturschutz, sowohl für die *Gesamtmenge* der natürlichen Ressourcen als auch für ihre *Zusammensetzung* (Klima, Landschaften, Biodiversität usw.). Bestenfalls kann es innerhalb der einzelnen Komponenten zu einem begrenzten Austausch kommen, kann etwa der Verlust eines Waldes durch Wiederaufforstung in einem anderen Gebiet ersetzt oder der Verbrauch von Erdöl durch entsprechende Investitionen in erneuerbare Energien kompensiert werden.

Extreme nicht realisierbar

Starke und schwache Nachhaltigkeit als Extrempositionen sind allerdings nicht haltbar. Die Vorstellung einer nahezu vollständigen Ersetzbarkeit des natürlichen Kapitals verkennt, dass jede wirtschaftliche Tätigkeit auf Vor- und Nachleistungen der Natur angewiesen bleibt. Vor allem drei Argumente sprechen für eine nur beschränkte Substituierbarkeit: (1) Aufgrund der technisch begrenzten Möglichkeiten des Recyclings ist es unwahrscheinlich, dass bei der Produktion von künstlichem Kapital völlig auf die Verwendung natürlicher Ressourcen verzichtet werden kann; (2) natürliches Kapital erfüllt eine Reihe von unentbehrlichen Funktionen wie etwa die Regulierung biochemischer Kreisläufe oder die Photosynthese, die grundsätzlich nicht durch künstliches Kapital übernommen werden können; (3) man kann zwar für einzelne ökologische Funktionen einen künstlichen Ersatz finden, kaum aber für alle Funktionen, die das entsprechende natürliche System erfüllt (Ott/Döring 2004).

Die praktische Umsetzung der anderen Extremposition, also der komplette Verzicht auf die Nutzung nicht erneuerbarer natürlicher Ressourcen (dies entspricht der Forderung, nur von den Zinsen des natürlichen Kapitals zu leben), würde zu dem Paradox führen, dass das vorhandene Potenzial an nicht erneuerbaren Ressourcen (wie Erdöl) gar nicht genutzt werden dürfte, da es nach der Nutzung unwiederbringlich verloren wäre. Es würde weder heutigen noch künftigen Generationen zur Verfügung stehen.

Mittlere Positionen

In »mittleren« Positionen (Kopfmüller et al. 2001: 168) wird eine begrenzte Substitution von Naturkapital durch künstliches Kapital für zulässig gehalten, sofern die grundlegenden Funktionen der Natur erhalten bleiben. Die Frage der Austauschbarkeit hängt danach vom konkreten Einzelfall ab. Essenzielle Umweltgüter, ohne die der Mensch nicht überlebensfähig wäre und für die es keine künstlichen Alternativen gibt (Atemluft, Trinkwasser, fruchtbare Böden), sind zu erhalten. Bei anderen ist zu fragen, inwieweit ihr Ge- oder Verbrauch zu Nutzeneinbußen für kommende Generationen führt. Dies ist vor allem dann zu befürchten, wenn natürliche Ressourcen unwiederbringlich vernichtet werden. Eingriffe in die Natur, die nicht wieder rückgängig gemacht werden können (hierzu gehört etwa der Verlust an Artenvielfalt), stellen einen unwiederbringlichen Verlust dar, der die Handlungsoptionen künftiger Generationen unzulässig beschränkt. Aus diesem Grund müssten für jede einzelne natürliche Ressource kritische Grenzen definiert werden, die eine nachhaltige Entwicklung nicht unterschreiten darf, unabhängig davon, wie umfangreich die hinterlassenen anderen Kapitalformen sind. Insofern es nicht möglich ist, solche kritischen Grenzen exakt zu bestimmen, ist nach dem Vorsorgeprinzip bei der Ausbeutung der betroffenen Ressourcen Zurückhaltung zu üben (Serageldin/Steer 1994).

4.2 Substanzielle und prozedurale Nachhaltigkeit

Substanzielles Nachhaltigkeitsverständnis

Dem normativen Charakter des Nachhaltigkeitsleitbilds würde es in einem klassischen Ansatz politischer Steuerung entsprechen, dass Politik und Gesellschaft Nachhaltigkeitsziele definieren und dann über Handlungsstrategien beraten, wie diese Ziele möglichst weitgehend und effizient erreicht werden könnten. Ein solches substanzielles Nachhaltigkeitsverständnis stellt weitgehende Anforderungen an die Konkretisierung nachhaltiger Entwicklung: Messbare Indikatoren, überprüfbare Zielwerte und klare Maßnahmen müssen vereinbart werden (Coenen/Grunwald 2003). Angesichts der Komplexität des Nachhaltigkeitsbegriffs und der Vielfalt ökologischer und sozioökonomischer Systeme bestehen jedoch auch Zweifel an einer so weitgehenden Konkretisierbarkeit. Ein konzeptioneller Ausweg wird darin gesehen, nachhaltige Entwicklung als eine »regulative Idee« im Sinne von Immanuel Kant zu verstehen, für die es nur vorläufige und hypothetische Zwischenbestimmungen geben könne (Enquete-Kommission 1998: 16). Der Begriff der nachhaltigen Entwicklung stelle – ähnlich wie »Freiheit« oder »Demokratie« – eine offene Suchkategorie (Korff 1993) oder einen orientierenden Rahmen für einen langfristigen Such-, Erfahrungs- und Lernprozesses dar (Homann 1996).

Prozedurales Nachhaltigkeitsverständnis

Eine Alternative dazu stellt ein primär prozedurales Nachhaltigkeitsverständnis dar. Statt längerfristiger politischer Handlungsziele können dann nur Minimalkonsense gegenüber drohenden Gefahren fest vereinbart werden. Die Bestimmung legitimierter und praktikabler Ziele sollte – weitgehend ergebnisoffen – vorwiegend durch geeignete institutionelle Arrangements und Verfahrensregeln erfolgen (Klemmer 1995, Klemmer et al. 1998). Nachhaltige Entwicklung würde dann nicht »von oben« über politische Ziele angestrebt, sondern über lebensnahe Prozesse der Selbstorganisation und umsichtige Lebenseinstellungen der Individuen (Waldrop 1993, Busch-Lüty/Dürr 1993). Illustriert wurde dies mit dem aus dem Mexikanischen stammenden Motto »Der Weg entsteht beim Gehen« (Busch-Lüty 1995). Darüber hinausgehend wird von Vertretern der soziologischen Systemtheorie die Steuerbarkeit der Gesellschaft grundsätzlich in Frage gestellt (Luhmann 1989, Willke 1993).

Trotz dieser skeptischen Einwände haben sich Positionen durchgesetzt, die eine für überschaubare Zeiträume verbindliche Konkretisierung des Leitbilds nicht nur für notwendig, sondern auch für möglich halten. Mit Blick vor allem auf die deutsche Debatte werden daher im Folgenden Ansätze zur Operationalisierung des Nachhaltigkeitsleitbilds dargestellt, denen ein eher *substanzielles* Leitbildverständnis zugrunde liegt.

4.3 Ein-Säulen-Konzepte: ökologische Nachhaltigkeit

Vorrang für Ökologie

Unter der Prämisse, dass die Befriedigung der Bedürfnisse heutiger und zukünftiger Generationen nur möglich ist, wenn die Natur als Lebens- und Wirtschaftsgrundlage erhalten bleibt, gebührt in Ein-Säulen-Konzepten den ökologischen Belangen im Konfliktfall Vorrang vor allen anderen. Ökonomische und soziale Fragen spielen dabei als Ursachen und Folgen von Umweltproblemen eine Rolle sowie durch die Anforderung, Umweltschutzmaßnahmen so »ökonomie- und sozialverträglich« wie möglich umzusetzen. Den Primat der ökologischen Nachhaltigkeit vertreten vor allem die Wuppertal-Studie (BUND/Misereor 1996), die beiden Studien des Umweltbundesamtes (1997 und 2002), die beiden Gutachten des Sachverständigenrates für Umweltfragen (SRU 1994 und 1998) sowie die Stuttgarter Akademie für Technikfolgenabschätzung (Renn et al. 2000).

Umweltkrisen sind kein neues Phänomen in der Geschichte der Menschheit. Die Aneignung der Natur, ohne die der Mensch nicht überlebensfähig wäre, hat im Verlauf der kulturellen Evolution immer wieder zu unbeabsichtigten Umweltveränderungen (Verkarstung, Bodenerosion, Artenverlust) geführt, die sich negativ auf die Lebensbedingungen der betroffenen Bevölkerung ausgewirkt haben. In der Vergangenheit handelte es sich jedoch primär um regional begrenzte Krisen, die der Mensch meist durch entsprechend angepasstes Verhalten, durch Migration oder durch technologische Fortschritte bewältigen konnte.

Der Mensch als Systemfaktor

Darüber hinaus erstreckt sich menschliches Handeln seit Mitte des 20. Jahrhunderts auf die globale Umwelt und auf alle Umweltmedien. Der Mensch ist »zu einem aktiven Systemfaktor von planetarischer Bedeutung« geworden (WBGU 1996: 3f.): Zivilisatorische Eingriffe wie der Abbau von Rohstoffen, die Umlenkung von Stoff- und Energieflüssen, die Veränderung großräumiger natürlicher Strukturen und die kritische Belastung von Schutzgütern (wie der Atmosphäre) verändern das System Erde zunehmend in seinem Charakter. Dieser in seiner Geschwindigkeit einzigartige Transformationsprozess zwingt dazu, das Verhältnis der Menschheit zu ihren natürlichen Lebensgrundlagen neu zu bestimmen.

Ökologische Managementregeln

Ein erster Ansatz, die Einsicht in die Notwendigkeit einer Neubestimmung des Verhältnisses von Menschen und Natur in praktische Handlungsleitlinien umzusetzen, ist als System »ökologischer Managementregeln« bekannt geworden (Pearce/Turner 1990; Daly 1990):

- Die Nutzungsrate erneuerbarer natürlicher Ressourcen (wie Waldbestände, Fischvorkommen), soll ihre Erneuerungsrate nicht überschreiten;
- nicht erneuerbare Ressourcen sollen nur in dem Maße genutzt werden wie erneuerbare Ressourcen als Ersatz bereitgestellt werden;

- Emissionen und Abfälle sollen die Aufnahmefähigkeit der Umweltmedien (Luft, Wasser, Boden) nicht übersteigen (Assimilationsregel).

Das Mensch-Natur-Verhältnis sollte aber nicht auf ökonomische Aspekte begrenzt werden, sondern auch andere wesentliche Aspekte wie Natur als Lebensraum oder als Ort ästhetischer Anschauung einbeziehen. So wird gefordert, dass »jede Gesellschaft ... die Möglichkeit haben soll, ... bestimmten Gegenständen aus der Natur einen immanenten Wert zuzuschreiben« (Knaus/Renn 1998: 89), oder die kulturelle Funktion der Natur in Nachhaltigkeitskonzepten eigens zu berücksichtigen (Kopfmüller et al. 2001: 262ff).

Konkretisierungsdefizite

Zur Bestimmung von Nachhaltigkeitsmaßnahmen reicht der Konkretisierungsgrad der ökologischen Managementregeln nicht aus. So lässt zum Beispiel die Regel zur Nutzung erneuerbarer Ressourcen offen, auf welchem Niveau diese bewirtschaftet werden sollen: ob das heutige Bestandsniveau zu erhalten, der Bestand deutlich zu erweitern oder ein anderes Bestandsniveau moralisch geboten sei. Die Assimilationsregel ist ohne die Festlegung von Grenzwerten für den Eintrag von Schadstoffen *(critical loads)* bzw. von Schwellenwerten für die tolerierbare Belastung *(critical levels)* nicht wirklich hilfreich. Obwohl die Managementregeln den gemeinsamen Ausgangspunkt vieler Nachhaltigkeitsstudien bilden, sind daher ihre Ergebnisse teils sehr verschieden, da sie die Regeln sehr unterschiedlich interpretieren (Kopfmüller et al. 2001, dort Kap. 5.2.1 und 5.2.3).

Ökologische Belastungsgrenzen

Die Grenzen der Belastbarkeit der natürlichen Umwelt nehmen in Ein-Säulen-Konzepten eine Schlüsselstellung ein. Es geht darum, die Eigenschaft eines Ökosystems zu erhalten, »einen bestimmten Grad an (anthropogenen) Belastungen zu tolerieren, ohne dass seine systemimmanenten oder vom Menschen geschaffenen Strukturen und Funktionen verändert werden« (SRU 1994, Tz. 103). Schlüsselbegriffe wie ökologische Stabilität oder Tragekapazität (BUND/Misereor 1996) thematisieren die Belastbarkeit natürlicher Systeme, während Vulnerabilität (Verwundbarkeit) ihre Anfälligkeit gegenüber äußeren Störungen und Resilienz (innere Robustheit) ihre Selbstheilungskräfte beschreibt.

Es ist allerdings schwierig, wenn nicht unmöglich, die Grenzen der Belastbarkeit wissenschaftlich exakt zu bestimmten. Bereits in ökologischer Hinsicht lassen sich derartige Grenzen kaum identifizieren, ohne sie zunächst zu überschreiten. Erst dann weiß man sicher, wo sie liegen (wie bei der Eutrophierung eines Sees durch Phosphate mit der Folge des »Umkippens«). Ein solches »Austesten« der Grenzen der Belastungsfähigkeit auf globaler Ebene verbietet sich jedoch vor dem Hintergrund der Zukunftsverantwortung. So wäre es in hohem Maße unverantwortlich, das (allerdings nach gegenwärtigem Kenntnisstand unwahrscheinliche) Versiegen des Golfstroms als Folge der Klimaänderung zunächst abzuwarten, um es dann gut erforschen zu können.

Eine Antwort auf dieses Problem bietet das *Leitplankenkonzept* an (Klemmer et al. 1998). Auf Basis des besten verfügbaren Wissens über die Belastbarkeit natürlicher Systeme sollen Leitplanken als zulässige Bandbreiten der menschlichen Umweltbeeinflussung vereinbart werden. Solange die »tatsächlichen« Belastbarkeitsgrenzen der Natur außerhalb dieser Bandbreiten liegen, bliebe die Gesellschaft grundsätzlich auf der »sicheren Seite«. Derartige Leitplanken bilden keine objektiven Eigenschaften der Umweltmedien oder der Ökosysteme ab, sondern sind Ausdruck von Vorsorgeüberlegungen und hängen von der mehr oder weniger großen Risikobereitschaft im Umgang mit natürlichen Systemen ab. Implizit spielen Überlegungen dieser Art zwar in Festlegungen von Zielen nachhaltiger Entwicklung mitunter eine Rolle; in der politischen Praxis wurden jedoch bislang explizite Leitplanken noch nicht definiert.

Syndromansatz

Der Syndromansatz (WBGU 1996) ordnet die Dynamik der Mensch-Umwelt-Wechselwirkungen im Erdsystem nach wiederkehrenden Mustern, den Syndromen des Globalen Wandels. Es handelt sich um »Krankheitsbilder« des Planeten Erde, die eine nachhaltige Entwicklung bedrohen. Syndrome zeichnen sich durch einen transsektoralen Charakter aus. Die Problemlagen greifen über einzelne Bereiche von Gesellschaft und Natur hinaus, haben jedoch immer einen direkten oder indirekten Bezug zu Naturressourcen.

»Global relevant sind Syndrome dann, wenn sie den Charakter des Systems Erde modifizieren und damit direkt oder indirekt die Lebensgrundlagen für einen Großteil der Menschheit spürbar beeinflussen oder wenn für die Bewältigung der Probleme ein globaler Lösungsansatz erforderlich ist.« (WBGU 1996: 4f.)

Grundannahme ist, dass die in bestimmten Regionen identifizierten Probleme nach »typischen Mustern« strukturiert sind und dass sich die komplexe globale Umwelt- und Entwicklungsproblematik auf eine begrenzte Anzahl von Syndromen zurückführen lässt (WBGU 1996: 4). Ihre Bestimmung beruht auf der Beobachtung langfristiger Veränderungen wie etwa dem Rückgang der Biodiversität, der Ausdünnung der Ozonschicht, dem Fruchtbarkeitsverlust der Böden, der ökonomischen Marginalisierung einzelner Bevölkerungsgruppen, der globalen Orientierung an westlichen Lebensstilen, der Zunahme von ethnischen Konflikten (de Haan 2003; Reusswig 1997: 75). Auf diese Weise kann das in den Syndromen erfasste Phänomen von spezifischen Regionen abstrahiert und auf andere übertragen werden. Die lokale oder regionale Vulnerabilität (Bohle et al. 1994) in der Wechselwirkung von natürlichen und anthropogenen Faktoren dient als Maß für die ökologische Gefährdung (Frühwarnung). Beispiele solcher Syndrome sind das »Sahel-Syndrom« (Überbeanspruchung der knappen, aber überlebenswichtigen Ressourcenbasis »Weideland«) oder das »Kleine-Tiger-Syndrom« (Vernachlässigung ökologischer Standards im Zuge hochdynamischen Wirtschaftswachstums in Schwellenländern).

4.4 Mehr-Säulen-Konzepte

In Gegensatz zu ökologischen Ein-Säulen-Konzepten wird in Mehr-Säulen-Konzepten ein prinzipieller Vorrang der ökologischen Dimension abgelehnt und stattdessen die Notwendigkeit einer *gleichrangigen* Berücksichtigung der einzelnen Dimensionen nachhaltiger Entwicklung betont. Für Mehr- und gegen Ein-Säulen-Konzepte sprechen vor allem zwei Argumente:

(1) Die Umsetzung des Gerechtigkeitspostulats und die Wahrnehmung von Verantwortung erfordern prinzipiell die Einbeziehung aller Dimensionen der gesellschaftlichen Entwicklung.

(2) Die ethische Frage, auf welche Hinterlassenschaft kommende Generationen einen Anspruch haben und welche Risiken für gesellschaftliche Entwicklung vermieden werden sollten, lässt sich nicht rein ökologisch beantworten. Neben den natürlichen Lebensgrundlagen bilden auch ökonomische, soziale und kulturelle Werte Ressourcen, die in ihrer Gesamtheit die Basis für die Befriedigung menschlicher Bedürfnisse bilden.

Magisches Dreieck nachhaltiger Entwicklung

In der Diskussion um die Operationalisierung des Nachhaltigkeitsleitbildes haben sich, den genannten Argumenten folgend, einige Gedanken der Mehr-Säulen-Konzepte durchgesetzt. In gängiger Redeweise wird vom »magischen Dreieck« der Nachhaltigkeit gesprochen, das aus der ökologischen, der ökonomischen und der sozialen Dimension besteht. Die meisten der bisher entwickelten Ansätze sind »Drei-Säulen-Konzepte«, in denen sich das Nachhaltigkeitsbild auf ökologische, ökonomische und soziale Belange erstreckt (SRU 1998; DIW/WI/WZB 2000). In den letzten Jahren wurde zunehmend auch die *politisch-institutionelle Dimension* der Nachhaltigkeit thematisiert (Minsch et. al. 1998; Kopfmüller et al. 2001). Im Folgenden werden wesentliche Überlegungen aus ökonomischer, sozialer und politisch-institutioneller Perspektive aufgeführt (zur ökologischen Dimension vgl. Kap. 4.3).

Die ökonomische Dimension

Die menschliche Wirtschaftsweise hat zentralen Einfluss auf ganz wesentliche Aspekte nachhaltiger Entwicklung. Dies betrifft unmittelbar den Umgang mit natürlichen Energie- und Materialressourcen, die den »Rohstoff« des Wirtschaftens bilden. Durch die Art und Weise des Wirtschaftens werden Emissionen und Abfälle in Menge und Zusammensetzung stark beeinflusst. Aber auch Fragen der Entwicklung der »Dritten Welt«, der Sicherstellung der Grundversorgung aller Menschen oder sozialer Fragen wie Arbeitslosigkeit sind eng verbunden mit ökonomischen Aspekten. Eine Umsteuerung auf nachhaltige Entwicklung muss daher wesentlich am Wirtschaftsprozess ansetzen.

Das ökonomische System setzt sich aus den Akteursgruppen private Haushalte, Unternehmen und Staat zusammen. Handlungszweck und Funktion dieses Systems bzw. des Wirtschaftprozesses bestehen in der Produktion von Gütern und Dienstleistungen. Der Konsum dieser Güter und Dienstleistungen sowie die aus diesen erzielten

Einkommen dienen der Befriedigung materieller Bedürfnisse der Gesellschaftsmitglieder sowie der Sicherung der materiellen Existenz einer Gesellschaft. Sie tragen damit zum Nutzen und zur Wohlfahrt der Individuen bzw. der Gesellschaft als Ganzes bei. Hieraus wird üblicherweise die »Leistungsfähigkeit« des ökonomischen Systems definiert.

Ressourcen- und Verteilungsfragen

Der Fokus der Wirtschaftswissenschaften liegt traditionell auf Effizienzaspekten in der Produktion und Verbreitung von Gütern und Dienstleistungen. Angesichts der keineswegs neuen, jedoch gerade in der Nachhaltigkeitsdiskussion offenkundiger gewordenen Erkenntnis, dass begrenzte Ressourcen und Verteilungsfragen einen wesentlichen Teil der gesellschaftlichen Realität und des (Problem-)Bewusstseins der Menschen bestimmen, finden entsprechende Überlegungen stärker Eingang in die Wirtschaftswissenschaften (Hampicke 1992, Nutzinger 1995). Dies erfolgt vor allem zu zwei Themenkreisen: Zum einen geht es um das künftigen Generationen zu hinterlassende »Erbe«. Die aus ökonomischer Sicht formulierten Leitlinien beziehen sich sowohl auf die Frage nach dem Umfang dieses Erbes als auch auf seine Zusammensetzung aus den verschiedenen Kapitalarten (vgl. Kap. 4.1). Zum anderen wird die Frage untersucht, wie Nachhaltigkeitsleitlinien umgesetzt werden können. Dazu bedarf es der Setzung von Nachhaltigkeitszielen und der Entwicklung von geeigneten ordnungspolitischen Rahmenbedingungen des Wirtschaftens.

Wachstum

Eine zentrale Frage ist, ob nachhaltige Entwicklung mit unbegrenztem quantitativem Wirtschaftswachstum verträglich ist oder ob stattdessen ein Verzicht auf Wachstum oder eine Umsteuerung auf »qualitatives« Wachstum erforderlich sei (Daly 1999, Luks 2000; vgl. Kap. 5.3). Alles Wirtschaften ist auf den Einsatz von Material und Energie angewiesen und unter sonst gleich bleibenden Bedingungen bedeutet die Produktion von mehr Gütern und Dienstleistungen auch den Einsatz von mehr Ressourcen. Wie weit und mit welchen Nebenfolgen eine Entkopplung von Wirtschaftsleistung und Umweltverbrauch möglich ist, gehört zu den offenen Fragen in der Nachhaltigkeitsdebatte.

Die soziale Dimension

Nachhaltige Entwicklung erstreckt sich auch auf die gerechte Verteilung so genannter sozialer Grundgüter und ihre Weiterentwicklung für und die Weitergabe an zukünftige Generationen. Zu diesen Grundgütern gehören einerseits individuelle Güter, wie das Leben selbst, Gesundheit, Grundversorgung mit Lebensmitteln, Kleidung und Wohnung und elementare politische Rechte. Sie haben befähigenden Charakter und ermächtigen das Individuum, handelnd und produktiv ein sicheres, würdiges und selbst bestimmtes Leben zu gestalten (*empowerment*). Andererseits zählen zu diesen Grundgütern auch soziale Ressourcen (wie Toleranz, Solidarität, Integrationsfähigkeit, Gemeinwohlorientierung, Rechts- und Gerechtigkeitssinn), die sich auf den dauerhaften Zusammenhalt gesellschaftlicher Teilsysteme oder der Gesellschaft als ganzer beziehen.

Sozialer Friede

Das wesentliche Ziel in der sozialen Dimension besteht in der Erhaltung des sozialen Friedens. Darunter werden sowohl eine »akzeptable Lösung der Verteilungsprobleme zwischen Regionen, zwischen sozialen Schichten, Geschlechtern und Altersgruppen« als auch »Lösungen des Problems kultureller Integration, von Zugehörigkeiten und Identitäten« verstanden (Fischer-Kowalski et al. 1995: 9). Folgende Aspekte sind dabei wesentlich (Heins 1998: 25ff.): soziale Akzeptanz für einen Transformationsprozess in Richtung auf Nachhaltigkeit; soziale Schutz- und Gestaltungsziele wie Gesundheitsschutz, Sicherung der sozialen Stabilität und der Entwicklungs- und Funktionsfähigkeit einer Gesellschaft

(Enquête-Kommission 1994) sowie die gerechte Verteilung von Wohlstand und Möglichkeiten von Bedürfnisbefriedigung. In der Realisierung und Konkretisierung dieser Forderungen bestehen allerdings viele Unklarheiten und Konflikte, die häufig mit den »großen Themen« aus Gerechtigkeitstheorie und Ethik zusammenhängen und stark normative Elemente beinhalten (Acker-Widmaier 1999).

Die institutionell-politische Dimension

Die Realisierung nachhaltiger Entwicklung kommt sicher nicht ohne politische oder andere Formen der Steuerung aus. Die Regulierung individuellen oder kollektiven Verhaltens erfolgt durch gesellschaftliche *Institutionen* (Kopfmüller et al. 2001, Kap. 2.3). Die Frage nach dem »Wie« einer nachhaltigen Entwicklung ist daher weitgehend eine Frage nach geeigneten Institutionen (Minsch et al. 1998). Institutionen umfassen – in einem weiten Begriffsverständnis – nicht nur Organisationen, sondern auch Konventionen, Gewohnheiten, Sitten, ethische Normen und Regeln/Verfahren, Verabredungen privater Akteure sowie Institutionen des gesetzten Rechts (rechtliche Rahmenbedingungen und Verfahrensregeln).

Die Lösung globaler Probleme lässt sich kaum anders als über geregeltes, auf Abkommen und Absprachen basierendes Handeln von gut organisierten und mit einem legitimen Mandat ausgestatteten Institutionen vorstellen (WBGU 1995: 68). In der Agenda 21 werden ausdrücklich institutionelle Innovationen im Bereich der internationalen Zusammenarbeit und auf supranationaler Ebene angesprochen. Aber auch neue nationale Mechanismen und die Stärkung der institutionellen Kapazitäten (insbesondere in den Entwicklungsländern) werden als erforderlich erachtet (dazu Kap. 8). Das Nachhaltigkeitsleitbild fordert bestehende (besonders politische) Institutionen in mehrfacher Hinsicht heraus:

(1) Sein Langfristcharakter ist ein Fremdkörper im parlamentarisch-demokratischen System, das in Wahlperioden von meist vier oder fünf Jahren »denkt«;
(2) Sein Querschnittscharakter ist mit der klassischen Arbeitsteilung und Separierung der Ministerien und Referate nicht vereinbar;
(3) Die traditionelle Grenzziehung zwischen der »offiziellen« Politik und den mehr basisdemokratischen zivilgesellschaftlichen Gruppen im Umwelt- oder entwicklungspolitischen Bereich muss überwunden werden (Kap. 7.3).

Um mit diesen Charakteristika angemessen umgehen zu können, müssen Institutionen bestimmten Kriterien genügen. Insbesondere sind dies die Resonanzfähigkeit (ihre Fähigkeit, angemessen auf bestehende Probleme zu reagieren), Steuerungsfähigkeit und die Sicherstellung von Machtausgleich (Kap. 8.5).

Handlungsleitlinien in Mehr-Säulen-Konzepten

In Mehr-Säulen-Konzepten stellt sich die Frage, wie nachhaltige Entwicklung im Zusammenwirken der verschiedenen Dimensionen verstanden und realisiert werden soll. Ausgehend von der Vorstellung einer prinzipiellen Gleichrangigkeit von ökologischen, ökonomischen und sozialen Belangen wird nachhaltige Entwicklung in der Regel aus der Sicht jeder einzelnen Dimension definiert. Dies kann dadurch erfolgen, dass – in Analogie zur ökologischen Dimension – Ökonomie und Soziales als Systeme gesehen werden, deren Leistungs- und Funktionsfähigkeit es im Interesse der gegenwärtig lebenden Menschen wie auch der nachfolgenden Generationen zu erhalten gilt. Dieser Ansatz wurde sowohl im Bericht der Enquete-Kommission »Schutz des Menschen und der Umwelt« (1998) als auch in der Studie »Arbeit und Ökologie« (DIW/WI/WZB 2000) vertreten.

Nachhaltigkeitsregeln

Der Enquete-Kommission gebührt das Verdienst, erstmals Nachhaltigkeitsregeln in systematischer Weise für die ökologische, die soziale und die ökonomische Dimension zunächst generell und dann exemplarisch für die beiden Themenfelder »Informations- und Kommunikationstechnik« sowie »Bauen und Wohnen« formuliert zu haben. Die Regeln sollten als Orientierungshilfen zur Diagnose ökonomischer, ökologischer und sozialer Nachhaltigkeitsprobleme dienen, den Blick für Problemursachen schärfen und Kriterien für wirksame politische Strategien beschreiben (Enquete-Kommission 1998: 29). Vor dem Hintergrund der in Kapitel 3 skizzierten grundlegenden Orientierungen für nachhaltige Entwicklung wäre hier kritisch anzumerken, dass diese Regeln insbesondere die globale und die Verteilungsperspektive kaum reflektieren.

Beispiel

Im Projekt »Arbeit und Ökologie« der Hans-Böckler-Stiftung (DIW/WI/WZB 2000) war es das wesentliche Ziel, Wege zur Umsetzung für das gewerkschaftliche Projekt einer »sozial-ökologischen Reformstrategie« zu erarbeiten. Diese wurden zunächst arbeitsteilig-disziplinär in den drei Dimensionen Ökologie, Ökonomie und Soziales erstellt und dann einer gegenseitigen Bewertung durch die anderen Dimensionen unterworfen. Dadurch wurde es möglich, gemeinsame Strategieelemente zu identifizieren und Differenzen zu präzisieren (ebd.: 27 und 547).

4.5 Integrative Nachhaltigkeitskonzepte

Die von verschiedener Seite vorgebrachte Kritik an Mehr-Säulen-Konzepten macht sich vor allem an zwei Punkten fest. Auf der einen Seite wird eine Überfrachtung des Leitbilds befürchtet. Vertreter dieser Position fordern daher, zur klaren Priorisierung einer Dimension – in der

Regel der ökologischen – zurückzukehren (Knaus/Renn 1998). Zweitens leistet die isolierte Anwendung des Nachhaltigkeitsbegriffs auf die Teilbereiche Ökologie, Ökonomie und Soziales (z.B. durch Leitplanken in allen drei Bereichen) der Vorstellung Vorschub, dass sich ökologische, ökonomische und soziale Nachhaltigkeit unabhängig voneinander realisieren ließen. Auch wenn es sich nicht um die *additive* Zusammenführung dreier nebeneinander stehender Säulen, sondern um »die Entwicklung einer dreidimensionalen Perspektive aus der Erfahrungswirklichkeit« (Enquete-Kommission 1998: 18) handeln soll, bleibt letztlich offen, ob und unter welchen Bedingungen eine derartige Integration gelingen kann. Falls sich in der Praxis herausstellen sollte, dass nicht alle Forderungen gleichzeitig erfüllbar sind, müsste entweder ein Kompromiss ausgehandelt werden, in dem alle drei Zielkomponenten gleichermaßen Abstriche hinnehmen müssten, oder es müssten Prioritäten festgelegt werden, die klarstellen, welcher Nachhaltigkeitsaspekt im Konfliktfall Vorrang haben soll. Solche Kriterien für den Umgang mit Konflikten zwischen den Dimensionen überschreiten jedoch die Reichweite der Mehr-Säulen-Konzepte und eröffnen Beliebigkeitsspielräume und Intransparenzen (Kopfmüller et al. 2001: 118ff.).

Der zweite Kritikpunkt hat in den letzten Jahren die Entwicklung *integrativer* Nachhaltigkeitskonzepte motiviert. Ausgangspunkt ist die Überlegung, dass die der Nachhaltigkeitsidee zugrunde liegenden normativen Prämissen Zukunftsverantwortung und Verteilungsgerechtigkeit dimensionenübergreifend angelegt sind. Wegen der vielfältigen Verflechtungen zwischen den Dimensionen lassen sich Nachhaltigkeitserwägungen nicht getrennt in den Dimensionen vornehmen. Die Dimensionen übergreifende Komplexität von Ressourcen-, Grundgüter- und Nutzungsstrukturen erfordert daher, Nachhaltigkeitsprobleme wie auch Handlungsstrategien integrativ zu untersuchen (dazu Kopfmüller et al. 2001). In diesem Sinne hat die deutsche Bundesregierung in ihrer Nachhaltigkeitsstrategie (siehe dazu Kap. 8.2) nicht die einzelnen Dimensionen, sondern vier querschnitthafte Prinzipien an den Anfang gestellt: Generationengerechtigkeit, Lebensqualität, sozialer Zusammenhalt und internationale Verantwortung.

Beispiel **Das integrative Nachhaltigkeitskonzept der HGF**

Systematisch wurde ein integratives Nachhaltigkeitskonzept im Projekt »Global zukunftsfähige Entwicklung – Perspektiven für Deutschland« der Helmholtz-Gemeinschaft (HGF) entwickelt (Kopfmüller et al. 2001; Coenen/Grunwald 2003). Es befindet sich mittlerweile in einer Reihe von Projekten in forschungspraktischer Anwendung und wird – soweit erforderlich – weiterentwickelt (Kopfmüller 2006). Ausgehend vom Brundtland-Bericht und den Rio-Dokumenten (Kap. 3) wurden zunächst drei konstitutive Elemente nachhaltiger Entwicklung bestimmt:

- Intra- und intergenerative Gerechtigkeit: Nach dem Brundtland-Bericht wird Gerechtigkeit als soziale Gerechtigkeit in erster Linie daran gemessen, nach welchen Kriterien Rechte und Pflichten, Naturressourcen, Wirtschaftsgüter und soziale Positionen verteilt werden. Das Kriterium einer »gerechten Verteilung« kombiniert die Verpflichtung zur Zukunftsverantwortung (intergenerative Gerechtigkeit) mit der (intragenerativen) Gerechtigkeit unter den heute Lebenden. Im integrativen Konzept werden daher inter- und intragenerative Gerechtigkeit als gleichrangig und zusammengehörig betrachtet. Als Modell dient ein »Planetary Trust«, dem alle Menschen als Gattungswesen angehören, und der sie zu Solidarität und verantwortlichem Handeln in räumlicher und zeitlicher Hinsicht verpflichtet (Brown-Weiss 1989: 21ff.). Jede Generation ist danach berechtigt, das von vorangegangenen Generationen übernommene natürliche und künstlich erzeugte Erbe zu nutzen, hat es aber gleichzeitig treuhänderisch für nachfolgende Generationen zu verwalten.
- Globale Orientierung: Viele Nachhaltigkeitsprobleme wie stratosphärischer Ozonabbau, Klimawandel, Verlust an Biodiversität, Bodendegradation oder Wasserknappheit und -verschmutzung, Bevölkerungswachstum, Armut, Unterernährung, Arbeitslosigkeit oder wachsende Einkommensverteilungsungleichheiten

sind globaler Natur, wenn auch häufig regional unterschiedlich verteilt (Globaler Wandel). Die Bewältigung dieser globalen Probleme erfordert gemeinsame globale Anstrengungen, sowohl was die Identifizierung und Analyse der Probleme und ihrer Ursachen als auch die Entwicklung und Umsetzung von Lösungsstrategien anbelangt.

- Anthropozentrischer Ansatz: Das Nachhaltigkeitsleitbild formuliert nach dem Brundtland-Bericht die Pflicht zu einem behutsamen Umgang mit der Natur aus einem wohlverstandenen Eigeninteresse des Menschen heraus: Es geht um die langfristige Sicherung der Befriedigung menschlicher Bedürfnisse. Der Begriff des menschlichen Selbstinteresses bedeutet hier nicht eine kurzsichtige, ausbeuterische Benutzung der Natur, sondern umfasst den langfristigen Erhalt der vielfältigen Funktionen, welche die Natur für den Menschen erfüllt.

Generelle Ziele nachhaltiger Entwicklung

Im integrativen Konzept geht es darum, das Postulat global verstandener Gerechtigkeit in Zeit und Raum auf die menschliche Nutzung von (natürlichen und sozialen) Ressourcen und ihre Weiterentwicklung zu beziehen. Der erste Schritt der Operationalisierung besteht in einer Übersetzung der konstitutiven Elemente in generelle Ziele nachhaltiger Entwicklung:

- Sicherung der menschlichen Existenz;
- Erhaltung des gesellschaftlichen Produktivpotenzials;
- Bewahrung der Entwicklungs- und Handlungsmöglichkeiten der Gesellschaft.

Diese generellen Ziele entwickeln Grundsätze inter- und intragenerativer Gerechtigkeit weiter (Brown-Weiss 1989): Das Prinzip *Conservation of Options* verlangt von jeder Generation, die Vielfalt der natürlichen und kulturellen Ressourcenbasis zu erhalten, um die Wahlmöglichkeiten kommender Generationen bei der Lösung ihrer Probleme und der Verwirklichung ihrer eigenen Werte nicht unangemessen zu beschränken. Das Prinzip *Conservation of Quality* verpflichtet jede Generation, den übernommenen Bestand an natürlichen und kulturellen Ressourcen in keinem schlechteren Zustand weiterzugeben, als sie ihn selbst empfangen hat. Das Prinzip *Conservation of Access* fordert, dass jede Generation ihren Mitgliedern gerechten Zugang zu dem gemeinsamen Erbe einräumt und diese Zugangsmöglichkeiten für kommende Generationen erhält. Die generellen Ziele dehnen dabei den Begriff der Ressource über die ökologische Dimension hinaus auf ökonomische, soziale und kulturelle Ressourcen aus (Kopfmüller et al. 2001).

Nachhaltigkeitsregeln

Diese Ziele wurden im integrativen Ansatz in Form von Nachhaltigkeitsregeln auf verschiedene Aspekte gesellschaftlicher Entwicklung bezogen. Unterschieden wurde dabei zwischen substanziellen Regeln, die inhaltliche Mindestanforderungen beschreiben, auf die alle heute und zukünftig lebenden Menschen einen Anspruch haben, und instrumentellen Regeln, die wesentliche Mittel bzw. Rahmenbedingungen zur Realisierung dieser Mindestanforderungen benennen.

Diese Regeln dienen als Leitorientierungen für künftige Entwicklungspfade und als Prüfkriterien für die Bewertung unter Nachhaltigkeitsaspekten. Aufgrund ihrer universellen, das heißt system- und kontextunabhängigen Geltung sind sie relativ abstrakt formuliert. Ihre Kontextualisierung (so in Bezug auf Regionen, Politikfelder oder Wirtschaftsbereiche) muss anhand der jeweiligen spezifischen Anforderungen erfolgen (vgl. Kap. 5). Die Regeln beschreiben *Mindestanforderungen*. Politische Ziele darüber hinaus sind legitim, allerdings nur in dem Maße unter Nachhaltigkeitsaspekten zulässig, wie ihre Umsetzung die Erfüllung der Regeln nicht gefährdet.

System von Nachhaltigkeitsregeln

Substanzielle Regeln und ihre Zuordnung		
Sicherung der menschlichen Existenz	**Erhaltung des gesellschaftlichen Produktivpotenzials**	**Bewahrung der Entwicklungs- und Handlungsmöglichkeiten**
Schutz der menschlichen Gesundheit	Nachhaltige Nutzung erneuerbarer Ressourcen	Chancengleichheit im Hinblick auf Bildung, Beruf, Information
Gewährleistung der Grundversorgung (Nahrung, Bildung, ...)	Nachhaltige Nutzung nicht erneuerbarer Ressourcen	Partizipation an gesellschaftlichen Entscheidungsprozessen
Selbstständige Existenzsicherung	Nachhaltige Nutzung der Umwelt als Senke	Erhaltung des kulturellen Erbes und der kulturellen Vielfalt
Gerechte Verteilung der Umweltnutzungsmöglichkeiten	Vermeidung unvertretbarer technischer Risiken	Erhaltung der kulturellen Funktion der Natur
Ausgleich extremer Einkommens- und Vermögensunterschiede	Nachhaltige Entwicklung des Sach-, Human- und Wissenskapitals	Erhaltung der sozialen Ressourcen

Instrumentelle Regeln

- Internalisierung der externen ökologischen und sozialen Kosten
- Angemessene Diskontierung
- Begrenzung der Staatsverschuldung
- Faire weltwirtschaftliche Rahmenbedingungen
- Internationale Kooperation
- Resonanzfähigkeit gesellschaftlicher Institutionen
- Reflexivität gesellschaftlicher Institutionen
- Steuerungsfähigkeit
- Selbstorganisationsfähigkeit
- Machtausgleich

Zusammenfassung

Grundlegende Orientierungen wie »Gerechtigkeit«, »Verantwortung« oder »Bewahrung der natürlichen Lebensgrundlagen« bedürfen einer Konkretisierung, wenn sie in angemessener Weise in gesellschaftliches Handeln und praktische Politik umgesetzt werden sollen. Konzeptionen für die Umsetzung des Nachhaltigkeitsleitbilds beschreiben den Weg von der allgemeinen Idee zu konkreteren Handlungsleitlinien. Dabei sind drei Herangehensweisen zu unterscheiden. Erstens wird der Blick auf die Hinterlassenschaft der Gesellschaft für zukünftige Generationen hinsichtlich ihrer Zusammensetzung aus Natur- und Sachkapital gerichtet. Zweitens ist zu klären, ob sich der Weg zur nachhaltigen Entwicklung aus konkreten Zielen gesellschaftlicher Entwicklung ableiten lässt, oder ob dieser Weg erst »beim Gehen entstehen kann«. Drittens stellt sich die Frage der Gewichtung der ökologischen, ökonomischen und sozialen Dimension gesellschaftlicher Entwicklung. Entsprechend lassen sich hier ökologische Ein-Säulen-Konzepte, Mehr-Säulen-Konzepte und integrative Ansätze unterscheiden.

5. Nachhaltige Entwicklung konkret

Um die konzeptionelle Ebene durch *substanzielle* empirische Analysen zu konkretisieren, ist die Bestimmung von Indikatoren, Zielwerten und zu deren Erreichung erforderlichen Handlungsstrategien notwendig.

5.1 Indikatoren und Zielwerte

Funktionen

Nachhaltigkeits-Indikatoren sind Kenngrößen, mit denen bestimmte Sachverhalte abgebildet und gemessen werden sollen. Sie stellen damit ein wesentliches Element für Nachhaltigkeitsanalysen dar. Dem entsprechend wurden in Kapitel 40 der Agenda 21 Regierungen und Nichtregierungsorganisationen (NGO) zur Entwicklung geeigneter Indikatoren zur Verbesserung der Informationsgrundlage für Entscheidungs- und Steuerungsprozesse in Richtung nachhaltiger Entwicklung aufgefordert. Kernaufgaben solcher Indikatoren sind die Situations- und Trenddiagnose, die Identifikation und Kommunikation von Fehlentwicklungen, die Ableitung von Handlungsbedarf sowie die Erfolgskontrolle politischer Steuerungsprozesse (Gehrlein 2004, Kopfmüller et al. 2001, SRU 1998, Teichert et al. 2002).

Die Anforderungen an geeignete Indikatoren können unterteilt werden in wissenschaftliche (adäquate Abbildung des Betrachtungsgegenstands, Transparenz, Datenqualität), funktionale (Frühwarnfunktion wie internationale Vergleichbarkeit, Sensitivität für Wechselwirkungsphänomene), nutzerbezogene (Zielfähigkeit, Richtungssicherheit, Verständlichkeit, Konsensfähigkeit, Zugänglichkeit für politische Steuerung) sowie praktische (vor allem Datenverfügbarkeit) (Kopfmüller et al. 2001, Opschoor/Reijnders 1991, SRU 1998, Walz 1998).

Bestehende Indikatorensysteme

In der Erhebung ökonomischer, ökologischer und sozialer Indikatoren besteht eine bereits jahrzehntelange Praxis bei unterschiedlichen Institutionen. Auf internationaler Ebene anzuführen sind hier die Weltbank (www.worldbank.org/data/wdi2005/), die OECD (http//iris.sourceoecd.org/vl=1693145/cl=105/nw=1/rpsv/factbook/) oder das World Resources Institute (http://governance.wri.org/pubs_pdf.cfm?PubID=3764). In Deutschland gilt dies für die Umweltdaten des Umweltbundesamts (http://www.umweltbundesamt.de/uba-info-daten/index.htm), das Sozioökonomische Panel des Deutschen Instituts für Wirtschaftsforschung (DIW) (www.diw.de/deutsch/sop/index.html), das System sozialer Indikatoren des Zentrums für Umfragen, Methoden und Analysen (ZUMA) (www.zuma.de) oder die Indikatoren der Europäischen Zentralbank (www.bundesbank.de/ezb/ezb_monatsbericht.php). Zusätzlich sind seit 1992 zahlreiche Systeme von Nachhaltigkeitsindikatoren auf globaler, nationaler und lokaler Ebene vorgeschlagen und mitunter angewendet worden. Einen Eindruck von der mittlerweile kaum noch überschaubaren Fülle geben Parris/Kates (2003) oder IISD (2002).

Indikatorenkonzepte

Systematisiert werden können Indikatoren nach inhaltlich-strukturellen Gesichtspunkten oder nach dem Grad ihrer Aggregation. Zu nennen ist hier etwa die Unterscheidung nach den abzubildenden Ursache-Wirkungs-Beziehungen, wie sie der *Pressure-State-Response (PSR-) Ansatz* der OECD (1994) und verschiedene darauf aufbauende Spielarten vornehmen (Morosini et al. 2001; Gehrlein 2004). Hier wird in einem stark vereinfachenden kausalen Konzept zwischen anthropogenen Umweltbelastungen, deren Wirkungen und den Gegenmaßnahmen unterschieden. Bisherige Erfahrungen zeigen allerdings, dass eine solche Differenzierung nicht für alle Dimensionen konsistent umsetzbar und daher für Indikatorensysteme weniger geeignet ist, denen ein mehrdimensionales oder integratives Nachhaltigkeitskonzept zugrunde liegt. Unterschieden wird auch zwischen eindimensionalen und dimensionen-übergreifenden, so genannten »interlinkage«-Indikatoren. Solche meist zwei Dimensionen verbindende Indikatoren sind häufig notwendig, um den komplexen und vielfältigen Interaktionen zwischen den Dimensionen gerecht zu werden. Beispiele für solche Indikatoren sind »Ressourcenproduktivität« als Kombination aus dem ökonomischen Indikator Bruttoinlandsprodukt und dem ökologischen Indikator Ressourcenverbrauch, oder auch »Geschlechtergerechtigkeit« als sozial-institutionelle Kombination (Spangenberg 2004).

Aggregierte Indikatoren

Im Hinblick auf *räumliche* Aggregation lassen sich lokale, regionale, nationale oder globale Indikatoren unterscheiden. Eine *inhaltliche* Aggregation kann entweder innerhalb einzelner Dimensionen oder Themenfelder (wie Luftverschmutzung, Verkehr) erfolgen oder über Dimensionen und Themen hinweg. Im Extremfall mündet dies in die Bildung eines Index. Beispiele sind der *Index of Sustainable Economic Welfare* (ISEW) (Daly/Cobb 1991), der Ansatz des *Ökosozialprodukts* (Richter 1994: 190ff.) oder des *Sustainable National Income* (Gerlagh et al. 2002). Ziel solcher Indizes ist es, den klassischen, jedoch immer wieder kritisierten »Wohlfahrtsindikator« Bruttosozialprodukt (BIP) um das Maß der sozialen Ungleichverteilung und vor allem um die Kosten für Umweltschäden zu korrigieren. International relativ anerkannt ist der vom Entwicklungsprogramm der Vereinten Nationen seit 1992 für über 150 Staaten erhobene *Human Development Index* (HDI), der Indikatoren zu Lebenserwartung, Bildung und Lebensstandard aggregiert (UNDP

2004). Daneben existieren auf die ökologische Dimension beschränkte Indizes wie etwa der *Ökologische Fußabdruck*, mit dem ein Maß für die ökologischen Tragekapazitäten durch die Umrechnung von Konsum und Abfallproduktion in Flächenverbrauch ermittelt wird (Wackernagel/Rees 1997), der *Environmental Sustainability Index* (ESI) (Yale Center et al. 2005) oder der vom Umweltbundesamt erhobene *Deutsche Umweltindex* DUX. In ihn fließen die neun Indikatoren des deutschen Umweltbarometers zu Klima, Luftqualität, Wasser, Artenvielfalt, Landwirtschaft, Rohstoff- und Energieproduktivität, Mobilität und Boden ein (www.umweltbundesamt.de/dux/dux.htm).

Vor- und Nachteile von Indizes

Als Vorteil solcher hochaggregierter Indikatoren gegenüber differenzierteren Systemen wird vor allem ihre bessere Kommunizierbarkeit in Politik und Öffentlichkeit angeführt. Damit verbindet sich auch die Hoffnung auf eine eher mögliche Standardisierung – analog zur Entwicklung des Bruttoinlandsproduktes (BIP). Dem stehen jedoch erhebliche konzeptionelle und methodische Probleme gegenüber, etwa der Verlust spezifischer Informationen durch die Aggregation der Einzelindikatoren oder die implizite Gewichtung und Bewertung der Einzelkomponenten. Vieles spricht daher für die Verwendung eines überschaubaren Sets von Leitindikatoren, angepasst an den jeweiligen Analysekontext.

Notwendigkeit von Zielwerten

Was die praktische Verwendbarkeit von Indikatoren anbelangt, sind neben der Datenverfügbarkeit und -qualität vor allem die Kriterien Zielfähigkeit und Zielrichtungssicherheit zu beachten. Die möglichst eindeutige Identifizierbarkeit einer Zu- oder Abnahme von Indikatorwerten als mehr oder weniger nachhaltig ist Voraussetzung dafür, dass für Indikatoren Zielwerte in sinnvoller Weise formuliert werden können. Für Nachhaltigkeitsstrategien sind solche Zielwerte aus verschiedenen Gründen unerlässlich. Zum einen können existierende Phänomene nur dann als »Probleme« identifiziert und bewertet sowie Lösungsstrategien erarbeitet und analysiert werden, wenn Ziele als Referenzwerte vorliegen. Zum anderen schaffen sie für die Akteure – insbesondere Unternehmen – Planungssicherheit, was Handlungsanforderungen und zu erwartende Maßnahmen betrifft. Schließlich hängt die Frage, in welcher Form und Intensität solche Maßnahmen umgesetzt werden, wesentlich vom genauen Maß der Ziele und ihrer zeitlichen Staffelung ab. Dabei sind Zielwerte meist das Ergebnis eines gesellschaftlichen Aushandlungsprozesses, in den sowohl wissenschaftliche Erkenntnisse als auch Interessen betroffener Akteure einfließen.

Ausgewählte Indikatorensysteme

Als bedeutsames Beispiel auf der internationalen Ebene ist vor allem das nach den vier Nachhaltigkeitsdimensionen gegliederte und an den 40 Kapiteln der Agenda 21 orientierte System der UN Commission on Sustainable Development (UN-CSD) zu nennen. Es umfasst, nach mehreren Überarbeitungs- und Erprobungsschritten, 58 Kernindikatoren (UN 2001). Erwähnenswert ist auch das System von 14 Strukturindikatoren der EU zu den Themen Beschäftigung, Bildung/Forschung, sozialer Zusammenhalt und Umwelt (EC 2003).

Für die nationale Ebene wurden zahlreiche Indikatorenlisten entwickelt, insbesondere im Rahmen der mittlerweile in vielen Staaten existierenden Nachhaltigkeitsstrategien (Kap. 8.2). Beispiele sind das Schweizer System MONET mit 115 Indikatoren für rund 20 Themenbereiche (Schweizerischer Bundesrat 2002), die österreichischen Strategie mit 48 Indikatoren, die 20 Leitzielen zugeordnet sind (Lebensministerium 2002) oder die britische Nachhaltigkeitsstrategie mit 15 »Headline Indicators«, die durch rund 150 nationale und regionenspezifische Indikatoren ergänzt werden (UK Government 1999). Die deutsche Nachhaltigkeitsstrategie enthält 25 Schlüsselindikatoren, bezogen auf 21 Themenfelder, für die unterschiedlich ambitionierte Zielwerte festgelegt wurden (Bundesregierung 2002). Beispielsweise wurde für das Thema Ressourcenschonung der Indikator »Energie- und Rohstoffproduktivität« ausgewählt, für das Thema Bildung der Indikator »Studienanfänger-Quote« oder für das Thema Entwicklungszusammenarbeit der Indikator »Anteil der öffentlichen Mittel für Entwicklungszusammenarbeit am BIP«.

Für die kommunale Ebene sind ohne Zweifel bislang die meisten Indikatorensysteme vorgeschlagen worden. Erwähnt seien hier etwa die von der EU-Kommission im Rahmen des Projekts »Sustainable Cities« veröffentlichten elf »standardisierten städtischen Nachhaltigkeitsindikatoren« (EC 2000). Sie beziehen sich etwa auf die Zufriedenheit der Bürger, CO_2-Emissionen, Lärmbelastung oder den Anteil regionaler bzw. fair gehandelter Produkte. Einen der umfangreichsten und in den USA viel beachteten Fundus stellen die »Sustainable Community Indicators« von Hart (1999) dar. Dort wurden rund 500 Indikatoren zu zwölf Themenbereichen – darunter Wirtschaft, Bildung, Gesundheit, Ressourcennutzung, öffentliche Sicherheit oder Freizeit – zusammengetragen. Aus der Vielzahl der Beispiele in Deutschland ist etwa das Indikatorensystem von Agenda-Transfer (2003) zu erwähnen. Es umfasst 20 Indikatoren unter anderem für die Themen Abfall, Wasser-/Energieverbrauch, Arbeitslosigkeit, Ausbildung, öffentliche Verschuldung, Geschlechtergerechtigkeit und Entwicklungszusammenarbeit.

Probleme in der Praxis

Vor dem Hintergrund der bisherigen Erfahrungen muss das Arbeiten mit Indikatoren zwar als prinzipiell alternativlos angesehen werden, ist jedoch auch mit bestimmten Problemen verbunden. Diese betreffen primär zum einen den Umstand, dass aus der Vielzahl der existierenden, verschiedene Aspekte beschreibender Indikatoren die am besten geeigneten auszuwählen sind. Nachhaltigkeitsindikatoren sollen die angemessene Abbildung komplexer Phänomene und Zusammenhänge ermöglichen, gleichzeitig jedoch aus Gründen der analytischen Handhabbarkeit und der gesellschaftlichen Kommunizierbarkeit in ihrer Zahl begrenzt bleiben. Damit stellt jedes Indikatorensystem oder auch jeder Index das Ergebnis einer notwendigerweise normativen und unvollkommenen Auswahlentscheidung dar, die nie »letztbegründet« sein kann und daher in einem gesellschaftlichen Entscheidungsprozess zu legitimieren ist, bevor Indikatoren in politisch verbindlicher Weise zum Einsatz kommen können. Zum anderen stellen die Verfügbarkeit valider sowie die angemessene Interpretation vorliegender Daten nicht selten ein Problem dar. Dennoch ist es notwendig, sich in einem gesellschaftlichen Abstimmungsprozess auf ein konsensfähiges Indikatorensystem zu einigen, mit dem Nachhaltigkeitsbetrachtungen in möglichst einheitlicher Weise vorgenommen werden können.

5.2 Nachhaltigkeitsdiagnose für Deutschland

In Nachhaltigkeitsanalysen stellt die Problemdiagnose einen zentralen Ausgangspunkt für politisches und gesellschaftliches Handeln dar. Zur Diagnose gehören die Identifikation von Problemen und ihre Gewichtung nach Dringlichkeit. Dies kann nur auf der Basis eines Vergleichs zwischen Zielvorstellungen und realen Gegebenheiten erfolgen. Auch in diesen Prozess fließen sowohl wissenschaftliche Expertise als auch unterschiedliche Bewertungen gesellschaftlicher Gruppen ein.

Im Rahmen des Helmholtz-Projekts (Coenen/Grunwald 2003, dort Kap. 3) wurde die Diagnose der Nachhaltigkeitssituation Deutschlands systematisch zunächst für die gesamtgesellschaftliche Ebene vorgenommen. Verglichen wurden Ist- und Zielwert für vierzig Kernindikatoren. Auf dieser Basis ließen sich dann fünfzehn prioritäre Problemfelder identifizieren.

Dabei wurden – mit Blick auf die globale Perspektive des Leitbilds – sowohl Phänomene einbezogen, die in Deutschland auftreten als auch solche, die im Ausland diagnostiziert werden, an deren Verursachung Deutschland jedoch ein signifikanter Anteil zugeschrieben werden kann (wie Klimawandel). Daher finden sich hier neben den in der Debatte immer wieder genannten Problemfeldern auch solche, die in anderen Studien selten eine Rolle spielen, wie etwa globale Einkommensunterschiede oder die mangelnde Wahrnehmung globaler Verantwortung.

Wesentliche Nachhaltigkeitsdefizite in Deutschland

Nachhaltigkeitsdefizite	**Ausgewählte Indikatoren**
Gesundheitsbeeinträchtigungen	– Häufigkeit der Überschreitung der EU-Grenzwerte für Feinstaub (PM_{10}) und bodennahes Ozon an ausgewählten Messstationen – Anteil der Bevölkerung, der einem bestimmten Geräuschpegel ausgesetzt ist
Armut	– Armutsquote
Drastische globale Einkommensunterschiede	– Globale Relation zwischen oberstem und unterstem Einkommens-Quintil
Arbeitslosigkeit	– Anteil der Langzeitarbeitslosen an allen Arbeitslosen
Bildungsdefizite	– Anteil der Schulabgänger ohne Hauptschulabschluss
Mangelnde Chancengleichheit	– Zusammenhang zwischen der Lesefähigkeit von Schülern und ihrem sozio-ökonomischen Hintergrund
Flächenverbrauch	– Zunahme der Siedlungs- und Verkehrsfläche pro Tag
Rückgang der Biodiversität	– Anteile gefährdeter Arten bei Säugetieren, Fischen, Vögeln und Gefäßpflanzen
Belastung der Waldböden	– versauerungs- und eutrophierungsrelevante Luftschadstoffemissionen (SO_2, NO_X, NH_3)
Abbau nicht-erneuerbarer Ressourcen	– Verbrauch nicht-erneuerbarer Energieressourcen
Klimawandel	– CO_2-Emissionen
Ungleiche globale Verteilung der Umweltnutzungsmöglichkeiten	– CO_2-Emissionen pro Kopf im internationalen Vergleich
Gewässerverschmutzung	– Anteil der Fließgewässer mit mindestens chemischer Güteklasse II
Staatsverschuldung	– Defizit-Quote der öffentlichen Haushalte
Mangelnde Wahrnehmung globaler Verantwortung	– Umfang Agrarexport-Subventionen in der EU – Öffentliche Mittel für Entwicklungszusammenarbeit in Prozent des BIP

Armut

Armut stellt eine wesentliche Ursache dafür dar, dass Menschen nicht in sozialer, politischer oder kultureller Hinsicht »Vollbürger« sein können. Das Nachhaltigkeitsziel der individuellen Grundversorgung wird dadurch in materieller (Wohnung, Ernährung, Gesundheit usw.) wie auch immaterieller Hinsicht (Selbstachtung, Selbstvertrauen, soziale Integration) beeinträchtigt. Gleichzeitig werden auch andere Nachhaltigkeitsziele – wie Chancengleichheit, Partizipation oder Erhalt sozialer Ressourcen – negativ beeinflusst. In Deutschland hat sich die Armutsquote in der üblicherweise verwendeten Definition – wonach arm ist, wer einschließlich staatlicher Transfers weniger als 50 Prozent des durchschnittlichen Einkommens der Gesamtbevölkerung zur Verfügung hat – zwischen 1992 und 2004 von 10,5 auf 13,5 Prozent erhöht (Otto/Siedler 2003, BMGS 2005). Bemerkenswert ist dabei, dass für einzelne Problemgruppen wie Arbeitslose, Frauen oder Kinder die Werte noch deutlich höher liegen (GESIS 2001) und dass die meisten in Armut Lebenden von mehreren Unterversorgungslagen (hinsichtlich Arbeit, Wohnung, Gesundheit usw.) betroffen sind (Zimmermann 2001).

Bildungsdefizite

Ein weiteres Problemfeld betrifft den Bereich Bildung und Forschung. Seine quantitativ und qualitativ angemessene Ausgestaltung ist unerlässlich, um das Human- und Wissenskapital einer Gesellschaft, das einen immer wichtiger werdenden Faktor für Produktion und gesellschaftliche Entwicklung darstellt, erhalten und verbessern zu können (vgl. Kap. 9). Dabei bildet ein (Haupt-)Schulabschluss die wohl grundlegendste Voraussetzung für den Einzelnen, um etwa selbständig die eigene Existenz sichern oder möglichst chancengleich am gesellschaftlichen Leben teilhaben zu können. Seit Anfang der neunziger Jahre bewegt sich in Deutschland der Anteil der Schulabgänger ohne einen solchen Abschluss zwischen 8,5 und 9,5 Prozent, was rund 75.000 bis 85.000 Jugendlichen entspricht (BMBF 2004a). Sie sind in besonderer Weise in Bezug auf Arbeitslosigkeit und andere soziale Probleme gefährdet.

Klimawandel

Phänomene des Klimawandels wie Temperatur- und Niederschlagsveränderungen oder eine Erhöhung des Meeresspiegels, ihre Folgewirkungen (Hochwasser, Dürren, Stürme, Beeinflussung von Vegetationszonen und Ernten usw.) und deren globale Ungleichverteilung in Gewinner- und Verliererstaaten stellen eines der herausragenden globalen Probleme in Bezug auf die Überlastung ökologischer Systeme dar. Nach den bisherigen Erkenntnissen sind die schwerwiegendsten ökologischen und vor allem sozioökonomischen Folgen in Entwicklungsländern zu erwarten. CO_2-Emissionen – relativ eng korreliert mit dem Verbrauch nicht-erneuerbarer Energieressourcen – tragen deutlich am stärksten zum Klimawandel bei. Deutschland als global gesehen fünftgrößtem CO_2-Emittenten kommt somit eine entsprechende Verantwortung für diese Prozesse zu. Eine Emissionsreduktion würde daher ein wichtiges Element der Wahrnehmung von Verantwortung für die Realisierung einer global nachhaltigen Entwicklung darstellen.

Staatsverschuldung

Die Verschuldung der öffentlichen Haushalte über ein vertretbares Maß hinaus stellt in zweierlei Hinsicht ein wesentliches Nachhaltigkeitsdefizit dar. Zum einen wird die Handlungsfähigkeit des Staates – als einem zentralen Akteur für die Realisierung nachhaltiger Entwicklung – dadurch beeinträchtigt oder gefährdet. Zum anderen kann durch die verschuldungsbedingte Zinsbelastung, die Wirkung auf die Zinssätze sowie daraus resultierende ökonomische Effekte die Lastenverteilung zwischen den Generationen für die Bereitstellung erforderlicher öffentlicher Güter und Investitionen zu Ungunsten künftiger Generationen beeinflusst werden. Deutschland wird 2005 bei dem Indikator Defizit-Quote (der die Relation zwischen Haushaltsdefizit und BIP angibt) im vierten Jahr nacheinander das so genannte Maastricht-Kriterium von 3 Prozent verfehlen (BMF 2005).

Mangelnde globale Verantwortung

Schließlich besteht ein weiteres Nachhaltigkeitsproblem Deutschlands in seiner mangelnden Wahrnehmung globaler Verantwortung. Diese ist einerseits am Grad der Fairness weltwirtschaftlicher Rahmenbedingungen hinsichtlich der Teilnahmemöglichkeiten aller Staaten am Wirtschaftsgeschehen festzumachen, andererseits am Ausmaß der Entwicklungszusammenarbeit, etwa in Form von Finanztransfers. Die »Rahmenbedingungen« bestehen im Wesentlichen aus institutionellen Gegebenheiten, vor allem supranationalen Organisationen und bestehenden Regelwerken/Regimen, sowie aus dem konkreten Handeln der »großen« Akteure (Staaten, Unternehmen) auf den Märkten. Als Indikator für unfaire Rahmenbedingungen wurden die Agrarexportsubventionen der EU herausgegriffen, die ärmere und auf Exporteinnahmen angewiesene Staaten häufig in ihren Entwicklungsbemühungen behindern. Die zweite Komponente, die Entwicklungszusammenarbeit, ist in dem Maße kompensatorisch erforderlich (nicht zuletzt aus moralischen Gründen), wie den Entwicklungsländern Einkunftsquellen für eine selbständige Existenzsicherung aufgrund unfairer Rahmenbedingungen (etwa der Abhängigkeit von großen Akteuren auf den Weltmärkten und mangelnder Repräsentanz in den supranationalen Institutionen) verschlossen sind. In beiden Bereichen gibt es Defizite, deren Behebung zum Teil erhebliche Veränderungen erfordern würden. So würde für Deutschland eine Steigerung der öffentlichen Mittel für Entwicklungszusammenarbeit von derzeit 0,28 Prozent des BIP (BMZ 2005) auf die bereits in den siebziger Jahren auf UN-Ebene für die OECD-Staaten vereinbarten 0,7 Prozent jährliche Mehrzahlungen von rund 9 Milliarden Euro erfordern.

5.3 Ansätze für Handlungsstrategien

Gesellschaftlicher Transformationsprozess

Die Entwicklung von politischen bzw. gesellschaftlichen Handlungsstrategien zur Lösung von Problemen stellt den entscheidenden Schritt in Nachhaltigkeitsanalysen dar. In der Debatte besteht weitgehende Einigkeit darüber, dass die Erreichung von Nachhaltigkeitszielen, wie sie in der HGF-Studie oder in der Nachhaltigkeitsstrategie der Bundesregierung (Kap. 8.2) zugrunde gelegt wurden, nicht ohne einen Wandel der gegenwärtigen Produktions- und Konsummuster sowie der existierenden Planungs- und Entscheidungsprozesse möglich sein wird. Die Frage, wie weitgehend dieser Wandel sein muss und welche Steuerungsinstrumente in welcher Eingriffstiefe für diesen gesellschaftlichen Transformationsprozess einzusetzen sind, wird jedoch in vielen Fällen in Wissenschaft und Politik kontrovers diskutiert.

Strategien in Zeit und Raum

Neben der inhaltlichen Ausgestaltung sind die zeitliche und die räumliche Perspektive sowie der Entstehungsprozess solcher Strategien von Bedeutung. *Zeitlich* gesehen impliziert die Verantwortung für künftige Generationen die Notwendigkeit, Strategien in einer längerfristigen Orientierung zu entwickeln. Unterschiedliche Auffassungen bestehen allerdings darüber, was »längerfristig« genau bedeuten soll, wie Längerfristigkeit in Entscheidungsprozessen institutionalisiert werden kann und wie es gelingen kann, die offenkundigen Konflikte mit der Realität der tendenziellen Kurzfristigkeit tagespolitischer Themen, parlamentarisch-demokratischer Zeithorizonte oder auch unternehmerischer Entscheidungs- und Erfolgskriterien (orientiert an Jahres- oder gar Vierteljahresberichten) zu lösen. In der *räumlichen* Perspektive geht es um die Frage, auf welchen Ebenen wie gehandelt werden kann und muss. Hier stehen sich diejenigen gegenüber, die nachhaltige Entwicklung als primär auf lokaler Ebene umsetzbar ansehen, und diejenigen, die dies angesichts der globalen Wechselwirkungsprozesse für unangemessen oder eigentlich unmöglich halten (vgl. Kap. 8). Mit Blick auf die Prämissen und konstitutiven Elemente des Leitbilds liegt ein Vorgehen nahe, in dem Nachhaltigkeitsziele primär nach globalen (Gerechtigkeits-) Kriterien für die globale, nationale und lokale Ebene festgelegt werden. Diese Ziele sind dann durch abgestimmtes Handeln auf diesen Ebenen zu realisieren.

Partizipation

Was den Prozess der Gestaltung und Umsetzung von Strategien anbelangt, hat die Nachhaltigkeitsdebatte sicher wesentlich dazu beigetragen, dass partizipative und diskursive Elemente, also die Einbeziehung aller wichtigen Akteursgruppen sowie das weite Feld bürgerschaftlichen Engagements (Biesecker 2002), stärker in den Vordergrund gerückt sind. Orientierend sind hier vor allem die Kapitel 23 bis 32 der Agenda 21, in denen es um Notwendigkeiten und Möglichkeiten einer Stärkung der Rolle verschiedener Akteure geht (Kap. 7.3).

Betrachtet man den bisherigen Verlauf der Debatten über geeignete Handlungsstrategien für eine nachhaltige(re) Entwicklung, dann zeigt sich, dass zum Teil neue Themen und Ansätze diskutiert, zum Teil alte Debatten fortgesetzt oder auch wieder neu belebt wurden. Entlang dieser Unterscheidung seien hier drei zentrale Ansätze herausgegriffen: erstens das seit Jahrzehnten das Denken und Handeln in Politik und Wirtschaft dominierende Wachstumsparadigma; zweitens der Effizienz-Suffizienz-Konsistenz-Ansatz als in dieser Konstellation neues Denkmuster; drittens integrative Strategieansätze mit einem ganzheitlichen Vorgehen.

Das Wachstumsdilemma

Entstehung des Wachstumsparadigmas

Wirtschaftswachstum – verstanden als wertmäßige Zunahme der in einem Jahr produzierten Güter und Dienstleistungen – stellt heute das nahezu selbstverständliche ökonomische Kernziel in weiten Teilen von Politik,

Wirtschaft, Wissenschaft und Öffentlichkeit dar. Dieses Denken existiert im Grunde seit dem Entstehen industrialisierter Ökonomien vor rund 200 Jahren und in besonderem Maße seit der Einführung des Systems der Volkswirtschaftlichen Gesamtrechnung vor 60 Jahren, die verbunden war mit der Fokussierung auf das Bruttoinlandsprodukt (BIP) als dem zentralen Indikator für wirtschaftliche (und gesellschaftliche) Entwicklung. In Deutschland wurde mit dem so genannten Stabilitäts- und Wachstumsgesetz 1967 »stetiges und angemessenes Wachstum« als eines von vier wirtschaftspolitischen Grundzielen verbindlich verankert. Wesentlich getragen wird die weitgehende Gleichsetzung der Begriffe Entwicklung oder Fortschritt mit Wachstum sowie die weitgehende Ausblendung negativer Auswirkungen von Wachstum durch die Grundannahmen und Methoden der Neoklassik, die seit über 100 Jahren die dominierende wirtschaftswissenschaftliche Schule darstellt (Luks 2000). Das hier zugrunde liegende Menschen-, Gesellschafts- und Wirtschaftssystembild geht von unbegrenzten Bedürfnissen und unbegrenztem Wissensdrang der Menschen aus, von nach Gewinnmaximierung strebenden Produzenten und nach Nutzenmaximierung strebenden Konsumenten sowie von den Prinzipien wirtschaftlicher und vertraglicher Freiheitsrechte und des Privateigentums.

Zur Begründung der Notwendigkeit wirtschaftlichen Wachstums werden eine Vielzahl unterschiedlicher Argumente angeführt (Steurer 2002, Beckerman 1974): auf nationaler Ebene vor allem die Sicherung und Steigerung des materiellen Wohlstands und des Lebensstandards der Bevölkerung, die Aufrechterhaltung bzw. der Ausbau der sozialen Sicherungssysteme und wohlfahrtsstaatlicher Leistungen, die möglichst konfliktarme Gestaltung von (Um-)Verteilungsprozessen des Einkommens oder auch die Finanzierung von Umweltschutzmaßnahmen. Wachstum wird somit als Möglichkeit gesehen, unerwünschte

Nebeneffekte der marktwirtschaftlichen Ordnung zu mindern, mehr Gerechtigkeit und letztlich eine größere Akzeptanz für diese Ordnung zu erreichen. Es wird als Lösung vieler gesellschaftlicher Probleme gepriesen, von Armut, Arbeitslosigkeit, über Verschuldung, bis hin zum Bevölkerungswachstum. Nach wie vor gilt es als eines der weltweit meistakzeptierten Ziele, weil es die Aussicht auf »mehr für alle und Opfer für niemanden« verspricht (Daly 1991: 8). Damit die bislang ärmsten und weniger entwickelten Staaten sich angemessen entwickeln können, wird die Notwendigkeit gesehen, dass die Industrieländer hinreichende Wachstumsraten erwirtschaften.

Wachstumsmotoren

Möglich gemacht und forciert wurde der Wachstumsprozess der letzten 150 Jahre vor allem durch die Nutzung energetischer und anderer Ressourcen und des – auch dadurch ermöglichten – technischen Fortschritts, durch zunehmend arbeitsteilige und sich globalisierende Produktionsprozesse sowie die sich wandelnden Lebensstile. Angeführt werden in diesem Zusammenhang auch die Funktionsprinzipien der Geldwirtschaft, insbesondere die Existenz des Zinses, der als »Belohnung für heutigen Konsumverzicht« interpretiert werden kann und der in jeder Periode zusätzlich zu erwirtschaften ist (Bievert/Held 1996).

Wachstumskritik

Der Position, die Wachstum als unverzichtbare Säule einer Volkswirtschaft sieht, steht eine wachstumskritische Minderheitenposition gegenüber. Entstanden in den 1960er Jahren als Reaktion vor allem auf die Probleme der Umweltzerstörung und des Bevölkerungswachstums gewinnt sie im Zuge der Nachhaltigkeitsdebatte wieder an Bedeutung. Im Fokus steht hier der Hinweis auf die absolute Begrenztheit der globalen Naturressourcen und der Verarbeitungskapazitäten der Ökosysteme. Angesichts der Tatsache, dass die Herstellung von Gütern stets mit Naturverbrauch verbunden ist, wird Wirtschaftswachstum vor allem als Probleme verursachender und verstärkender

Faktor gesehen (Daly 1999, Ekins 1993, Georgescu-Roegen 1971, Leipert 1991).

Neben der Argumentation anhand der ökologischen Grenzen des Wachstums werden mitunter auch ethisch-moralische und soziale Grenzen angeführt. Vor dem Hintergrund des Ziels vermehrter kultureller und gemeinwohlorientierter Tätigkeiten der Menschen und der Befriedigung ihrer essenziellen Bedürfnisse auch ohne Wachstum (Rothschild 1998) können hier unterschiedliche Argumentationslinien verfolgt werden. Eine wertkonservative verweist auf negative Wachstumsfolgen wie den Niedergang von Werten, Familie und sozialen Beziehungen oder auf resultierende Stress- und Krankheitsphänomene (Mishan 1967/1979). In einer eher psychosozialen Argumentation wird betont, dass Wachstum ab einem bestimmten Ausmaß oder bei Gütern, deren Wert auch sozial bestimmt ist, zu sinkendem Wohlstand, zu sozialen Destabilisierungen oder zu schlechteren Möglichkeiten der Bedürfnisbefriedigung führt (Hirsch 1976). Schließlich ist die postmaterialistische Position anzuführen, die vor allem unter dem Motto »Small is beautiful« bekannt geworden ist (Schuhmacher 1974).

Wachstumsverzicht als Lösung?

Eine angemessene Auseinandersetzung mit der Frage nach Wachstumsmöglichkeiten und -grenzen erfordert eine Unterscheidung zwischen einem Wachstum des Material- und Energiedurchsatzes, einem Wachstum der Wirtschaft (gemessen durch das Inlandsprodukt) und einem Wachstum der Lebensqualität (Ekins 1993). Auf diese Weise zeigt sich beispielsweise, dass es durchaus zu »unwirtschaftlichem Wachstum« kommen kann, wenn es keinen Zuwachs an Lebensqualität mehr erbringt, weil die ökologischen und sozialen Folgekosten den Nutzen überwiegen. In der Debatte werden zwei unterschiedliche strategische Auswege vorgeschlagen: Zum einen fordern diejenigen, die einen mehr oder weniger linearen Zusammenhang zwischen BIP und Umweltverbrauch unterstellen, die Reduzierung des Wachstums bis hin zum Nullwachstum. Herman Daly als bekanntester Vertreter dieser Position spricht von einer »steady-state«-Ökonomie, wobei sich die Stationarität auf die Bevölkerungszahl, den Sachkapitalbestand und vor allem den Stoffdurchfluss bezieht und dem Ziel folgt, wirtschaftliche Aktivität und Tragekapazitäten der Umweltsysteme in Einklang zu bringen (Daly 1991).

Qualitatives Wachstum

Die andere Position kann mit dem Begriff des »qualitativen Wachstums« (Majer 1984), im Englischen »green growth« oder auch »balanced growth« (O'Riordan 1993), beschrieben werden. Ausgehend von der These einer prinzipiellen Vereinbarkeit von Wachstum, Umweltschutz und Nachhaltigkeit zielt diese Position vor allem auf Strategien der Entkopplung zwischen Wirtschaftsleistung und Umweltverbrauch. Dies soll durch Produkt- und Prozessinnovationen erreicht werden sowie durch Strukturveränderungen etwa hin zu mehr Dienstleistungen oder von verbrauchsintensiveren zu weniger intensiven Branchen (etwa im Bildungs- oder Pflegebereich). Kurz: »Das Nachhaltige« soll anstatt des »Nicht-Nachhaltigen« wachsen. Die Herausforderung besteht hierbei darin, wirksame Anreizmechanismen zur Realisierung solcher Entkopplungsprozesse zu finden und zugleich die grundlegenden Größenordnungen und langfristigen Implikationen im Auge zu behalten. Denn: Selbst Null-Wachstum würde ja nicht bedeuten, dass gar keine Ressourcen mehr verbraucht werden, sondern »nur«, dass der Verbrauch langsamer oder gar nicht mehr wächst, vielleicht sogar zurückgeht. Der Weg würde jedoch immer noch in Richtung einer Ausbeutung knapper Ressourcen verlaufen.

Effizienz, Suffizienz, Konsistenz

Ein weiteres, sehr früh in der Nachhaltigkeitsdebatte entstandenes strategisches Kernthema verbindet sich mit den Begriffen Effizienz, Suffizienz und Konsistenz. Hierbei handelt es sich um drei unterschiedliche Ansätze primär zur Lösung der (globalen) Umweltprobleme, mittelbar auch der Verteilungsprobleme (Huber 1995). An einigen Stellen weist diese Kontroverse auch Anknüpfungspunkte an die Wachstumsthematik auf.

Effizienz-Strategie

Die Effizienz-Strategie zielt im Sinne des »wirtschaftlichen Prinzips« auf eine Minimierung des Material- und Energieeinsatzes pro Produktionseinheit. Mit der Verbesserung des Input-Output-Verhältnisses durch eine Erhöhung der Ressourcenproduktivität wird gewissermaßen die Analogie zu der bereits seit Beginn der Industrialisierung kontinuierlich realisierten Steigerung der Arbeits- und Kapitalproduktivität angestrebt. Diese Strategien der Entkopplung zwischen Wirtschaftsleistung und Umweltverbrauch – mitunter als »Dematerialisierung« bezeichnet – werden als Möglichkeit gesehen, die angesprochenen Grenzen des Wachstums umgehen und langfristig Wirtschaftswachstum mit weniger Folgeproblemen realisieren zu können. Hinsichtlich der Umsetzung dessen ruhen die Hoffnungen vor allem auf dem Einsatz und der Veränderung von Technik bei der Produktherstellung und -nutzung, aber auch auf Konzepten der Längerlebigkeit und Mehrfachnutzung von Produkten. Optimistische Vertreter sprechen von einer »Effizienzrevolution«, verbunden mit dem Begriff der »Faktor 4- oder Faktor 10-Strategie« (Weizsäcker et al. 1995, Hinterberger et al. 1997). Letzteres würde eine Reduzierung der je Produktionseinheit anfallenden Ressourcenverbräuche um rund 90 Prozent bedeuten. Mit Blick auf die globale Situation wird diese »Revolution« primär für die Industriestaaten eingefordert, um den bislang ärmsten Staaten die für ihre Entwicklung erforderliche Ressourcennutzung zu ermöglichen. Diese soll jedoch ebenfalls möglichst effizient erfolgen, ermöglicht etwa durch geeigneten Technologie-Transfer.

Konsistenz-Strategie

Bei der Konsistenz-Strategie stehen nicht quantitative,

sondern qualitative Aspekte des Umweltverbrauchs im Vordergrund. Sie zielt auf die Anpassung der durch menschliches Wirtschaften erzeugten Stoffströme an die natürlichen Stoffwechselprozesse. Die Umsetzung basiert vor allem auf der stofflichen Substitution. Verdeutlicht am Beispiel des Energiebereichs, fokussiert die Effizienzstrategie auf die Steigerung von Wirkungsgraden bei der Umwandlung von Energieträgern und beim Energieverbrauch, während der Konsistenzansatz auf den Ersatz fossiler Energieträger durch regenerative abzielt. Auch mit diesem Ansatz ist die Vorstellung verbunden, Spielräume für das Wachstum der Stoffströme und damit für das Wachstum der Wirtschaft zu eröffnen.

Suffizienz-Strategie

Demgegenüber halten die Vertreter einer Suffizienz-Strategie die Erreichung von Nachhaltigkeitszielen allein über Effizienz- und Konsistenzansätze für nicht möglich. Sie stellen die nicht-intendierten Folgen des Technikeinsatzes, die (Über-)Kompensationen erzielter Effizienzgewinne durch Konsumverhalten und die zumindest längerfristig existierenden naturwissenschaftlich-technischen Grenzen von Effizienzsteigerungen in den Mittelpunkt (Kap. 9.4). Vor diesem Hintergrund stellen sie die grundsätzlichere Frage nach dem »wie viel ist genug?« und propagieren einen Lebensstil, der weniger dem Wachstumsparadigma und stärker dem Prinzip der Genügsamkeit und der Selbstbegrenzung folgt. Um dem hier rasch entstehenden Eindruck der bloßen Askese und der Verzichtsphilosophie entgegenzuwirken und ihre Akzeptanzfähigkeit zu erhöhen, werden Suffizienzstrategien zunehmend mit dem Begriff der »neuen Wohlstandsmodelle« verknüpft. Hier wird dem gegenwärtigen, auf Verschleiß und Beschleunigung beruhenden Konsumstil ein »postmaterieller Lebensstil« entgegengesetzt, in dem mehr Lebensqualität nach dem Motto »besser leben statt mehr haben« im Vordergrund stehen soll (Linz et al. 2002).

Techniklastigkeit

Ohne Zweifel spielt die Kontroverse um diese drei

Strategieansätze bis heute eine wichtige Rolle in der wissenschaftlichen und politischen Debatte. Bei einer genaueren Betrachtung und Einordnung ist jedoch insbesondere auf zwei entscheidende Aspekte hinzuweisen. Zum einen ist unbestritten, dass die Umsetzung aller drei Ansätze – zumindest in den erforderlichen Größenordnungen – ohne weitreichende technische und nichttechnische Innovationen nicht möglich sein wird (Kap. 9.4). Gleichwohl ist in der politischen und wirtschaftlichen Praxis nach wie vor die Vorstellung verbreitet, dass die existierenden (Umwelt-)Probleme alleine mit dem Einsatz von Technik lösbar seien.

Ökologielastigkeit

Zum anderen gibt ihre Fokussierung auf die ökologische Dimension Anlass, den Stellenwert dieser drei Optionen vor dem Hintergrund eines integrativen Nachhaltigkeitsverständnisses zu relativieren. Denn es ist unschwer erkennbar, dass die Effizienz-Suffizienz-Konsistenz-Logik auf Themen- und Problemfelder wie Arbeitslosigkeit, Armut, Bildungsdefizite, mangelnde Chancengleichheit, Staatsverschuldung oder internationale Verantwortung nicht oder nur bedingt übertragbar ist. Deren Lösung erfordert in der Regel Handlungsansätze, die anderen Kriterien und Prinzipien folgen.

Integrative Strategieansätze

Gerade auf der handlungsstrategischen Ebene erfordert die Umsetzung eines integrativen Nachhaltigkeitsverständnisses eine deutlich breitere Perspektive. Dies bedeutet zunächst, dass die *zentralen* Nachhaltigkeitsprobleme (Kap. 5.2) als prinzipiell gleichrangig anzusehen sind, dass also weder eine Fokussierung auf ökologische Themen noch zum Beispiel auf Leitlinien wie »Vorfahrt für Arbeit« stattfindet. Darüber hinaus müsste der integrative Charakter einer Strategie insbesondere durch eine abgestimmte und möglichst funktional ineinander greifende Gestaltung der Maßnahmen zum Ausdruck kommen.

Exemplarische Studien

Ansätze in dieser Richtung wurden in der Studie der Enquete-Kommission »Schutz des Menschen und der Umwelt« (1998) und im Verbundprojekt »Arbeit und Ökologie« (DIW/WI/WZB 2000) vorgelegt. In der Kommissions-Studie wurden für die Themenfelder Informations- und Kommunikationstechnik sowie Bauen und Wohnen verschiedene Maßnahmen zur Erreichung der ökologischen, ökonomischen und sozialen Ziele skizziert, ohne jedoch Aussagen zu quantitativen Größenordnungen und zum Zusammenwirken bestimmter Maßnahmen zu machen. Im Mittelpunkt der Studie »Arbeit und Ökologie« standen zwei Szenarien zu einer auf »kontrolliertes« Wachstum ausgerichteten ökonomisch-sozialen Reformstrategie sowie zu einer die soziale Grundsicherung und Ressourceneffizienz priorisierenden ökologisch-sozialen Reformstrategie. Die in diesen Szenarien modellierten Maßnahmen wurden auf ihre Effekte hinsichtlich verschiedener Kernindikatoren wie Staatsverschuldung, Arbeitslosigkeit oder CO_2-Emissionen analysiert.

Tief greifende Maßnahmen erforderlich

Im HGF-Projekt wurden die handlungsstrategischen Analysen im Rahmen dreier Szenarien durchgeführt (Coenen/Grunwald 2003). Mit Hilfe von Modellrechnungen wurde zunächst die künftige Entwicklung der Nachhaltigkeitsprobleme simuliert. Hierfür wurden dann verschiedene Lösungsinstrumente sowie deren Wechsel- und Zusammenwirken – beispielsweise zwischen Arbeitsmarkt-, Steuer- und Sozialsystempolitik oder auch zwischen Energie-/Klima- und Arbeitsmarktpolitik – betrachtet. Es zeigte sich, dass die gegenwärtigen Probleme unter bestimmten sozioökonomischen Randbedingungen nicht lösbar, dass die gesetzten Ziele nicht oder nur teilweise erreichbar sein werden (Coenen/Grunwald 2003, Kap. 5). Dies gilt insbesondere für eine Entwicklung, in der sich der Staat aus den Entscheidungsprozessen weiter zurückzieht und dem Marktmechanismus vermehrte Lösungskompetenz zugemessen wird.

Gerechte Lastenverteilung

Aus diesen Ergebnissen lassen sich vor allem zwei Kernaussagen ableiten: *Erstens* müssen in einer Erfolg versprechenden und einen integrativen Anspruch erhebenden Nachhaltigkeitsstrategie die zentralen Probleme möglichst simultan und unter Berücksichtigung der Wechselwirkungen sowohl zwischen einzelnen Problemen als auch zwischen Instrumenten angegangen werden. Umsetzbar wäre dies in einer Strategie, bei der nichtnachhaltige Aktivitäten wie Ressourcenverbrauch, Emissionen, Arbeitsplatzabbau usw. finanziell belastet werden, um mit den Einnahmen Umweltschutzmaßnahmen, neue Arbeitsplätze, notwendige Bildungsinvestitionen, die Armutsabsicherung der Sozialsysteme, Kompensationen für die von Maßnahmen stark Belasteten oder die Unterstützung der ärmsten Staaten zu finanzieren. Dabei ist für die Akzeptanz einer Strategie von entscheidender Bedeutung, eine möglichst gerechte Lastenverteilung zwischen den verschiedenen Akteursgruppen sowie zwischen heutigen und künftigen Generationen anzustreben.

Umbau des Steuer- und Abgabensystems

Zweitens kann angesichts der Größenordnung mancher Probleme zur Umsetzung einer solchen Strategie nicht allein auf Deregulierung und den Markt als Steuerungsmechanismus gesetzt werden. Es bedarf vielmehr eines tiefgreifenden Umbaus des bestehenden Steuer- und Abgabensystems (Diefenbacher et al. 2003; für einen Überblick über die Debatte Lange/Bizer 2004) und Maßnahmen mit erheblicher Eingriffstiefe. Diese sollten möglichst in allen Industriestaaten umgesetzt werden. Hierzu sind starke, handlungsfähige und -bereite staatliche Institutionen erforderlich, um die für diesen Umbau notwendige Korrektur kontraproduktiver Anreizmechanismen in den bestehenden politischen Rahmenbedingungen und die Setzung problemadäquater Anreize vornehmen zu können.

Methodische Erfordernisse: Modelle und Szenarien

Um festzulegende Ziele, bestehende Probleme und ihre künftige Entwicklung sowie Problemlösungsstrategien analysieren und auf dieser Basis valides Orientierungswissen und Empfehlungen bereitstellen zu können, sind bestimmte methodische Instrumentarien erforderlich. Hervorzuheben sind hier insbesondere Modelle, mit denen natürliche oder soziale Prozesse durch die Reduktion von Komplexitäten analytisch abbildbar gemacht werden und Szenarien, in denen mögliche alternative Entwicklungen in der Zukunft beschrieben werden (Schellnhuber/Wenzel 1998). Ziel ist es, damit einen angemesseneren Umgang mit den prinzipiell existierenden Unsicherheits-, Prognose- und Komplexitätsproblemen zu ermöglichen. Mit den in Nachhaltigkeitsanalysen häufig angewendeten Simulationsmodellen können Wirkungen bestimmter Einflussfaktoren auf Systemparameter und deren Wechselwirkungen quantitativ abgeschätzt werden (Haag/Matschonat 2001). Im Falle der zunehmend zur Anwendung kommenden integrativen Modelle soll dies in einer wissenschaftliche Disziplinen sowie räumliche und zeitliche Perspektiven integrierenden Form geschehen. Damit kann eine Basis für neue Formen der Wissensproduktion – Stichworte sind hier zum Beispiel Transdisziplinarität (Nowotny 1997) oder *post-normal science* (Funtowicz/Ravetz 1993) – und für ein »sozial robusteres Wissen« geschaffen werden. Szenarien sind etwa dann unerlässlich, wenn es um die Skizzierung unterschiedlicher denkbarer Entwicklungen grundlegender gesellschaftlicher Trends geht, die eine entscheidende Randbedingung für die Gestaltung und Wirksamkeit von Handlungsstrategien darstellen (Brüggemann et al. 2001). Voraussetzung für einen angemessenen Umgang mit beiden Methoden ist eine hinreichende Reflektions- und Interpretationskompetenz der Anwender.

Zusammenfassung

Nach der Formulierung grundlegender Handlungsleitlinien sind weitere konkretisierende Analyseschritte erforderlich, um das Nachhaltigkeitsleitbild für einen bestimmten Betrachtungskontext zu operationalisieren und damit der Gefahr von Beliebigkeit oder Konturlosigkeit zu begegnen. Im Wesentlichen sind dies die Konkretisierung der Leitlinien in Form von Indikatoren und die Formulierung von Zielwerten für diese Indikatoren, die Identifikation zentraler Problemfelder sowie die Analyse geeigneter Handlungsstrategien zur Erreichung der gesetzten Ziele.

6. Gesellschaftliche Handlungsfelder

Entsprechend der Brundtland-Definition (vgl. Kap. 2.3) müssen sich Nachhaltigkeitsanalysen auf menschliche Bedürfnisse wie Ernährung oder Wohnen bzw. die Sicherstellung der Versorgung mit entsprechenden Gütern beziehen.

6.1 Energie

Der Energiebereich stellt ein in besonderer Weise ambivalentes Phänomen gesellschaftlicher Entwicklung dar. Einerseits sind im Prinzip sämtliche menschliche Aktivitäten mit dem Einsatz von Energie verbunden. Die Verfügbarkeit von Energie und Energiedienstleistungen stellt daher für ein menschenwürdiges Leben, für die Funktions- und Existenzfähigkeit sowie für die Entwicklung einer Gesellschaft eine ähnlich grundlegende Voraussetzung dar wie die Verfügbarkeit von Trinkwasser und Nahrungsmitteln. In besonderem Maße gilt dies für die Produktions- und Konsummuster moderner Industriestaaten.

Verteilungsprobleme

Andererseits sind mit dem Energiesektor erhebliche Probleme verbunden: Zunächst ist der Zugang zu und die Nutzung von Energierohstoffen global gesehen sehr ungleich verteilt. Rund ein Viertel der Menschheit – vorwiegend in den ärmsten Staaten – hat keinen Zugang zu kommerziellen Energieträgern bzw. zu elektrischer Energie. Verglichen mit den ärmsten Ländern wird in den

Industriestaaten pro Kopf rund 25-mal mehr Energie verbraucht (IEA 2005). Insgesamt vereinen die Industriestaaten mit rund 20 Prozent der Weltbevölkerung für ihren vergleichsweise effizient produzierten, aber hohen Lebensstandard 70 bis 80 Prozent des weltweiten Primärenergie- und Strombedarfs auf sich, der Rest entfällt auf die 80 Prozent der in Entwicklungsländern lebenden Menschheit mit ihrem geringeren, aber ineffizienter produzierten Standard. Gerade dort sind Energiemangel einerseits und existenzielle Probleme wie Armut, Unterernährung oder Obdachlosigkeit andererseits eng miteinander verknüpft.

Gleichzeitig bewirken die mit der Bereitstellung von Energiedienstleistungen verbundenen Gewinnungs-, Wandlungs-, Nutzungs- und Entsorgungsprozesse erhebliche und zum Teil sehr langfristig wirksame Gefährdungen der natürlichen Lebensgrundlagen, der menschlichen Gesundheit und der gesellschaftlichen Entwicklungsfähigkeit etwa durch Schadstoffemissionen oder Klimaveränderungen. Deren Ausmaß hängt entscheidend von der Höhe des Energieverbrauchs und vom Energieträger-Mix ab.

Versorgungsrisiken

Auch die Abhängigkeit der Industriestaaten von Erdöl- und Erdgaslieferungen aus wenigen und häufig politisch instabilen Regionen und die daraus resultierenden Versorgungs- und Preisrisiken stellen ein Problem dar. Hinzu kommt, dass in den kommenden 15 bis 20 Jahren weltweit mindestens die Hälfte des Kraftwerksbestands alters- oder politikbedingt stillgelegt werden muss, was erhebliche Investitionserfordernisse mit sich bringt. In Deutschland wird von etwa 50 Milliarden Euro ausgegangen. Dieser Umstand wird als ökonomisches Risiko, aber zugleich auch als Chance für eine Neustrukturierung des Energieversorgungssystems gesehen. Denn angesichts des globalen Bevölkerungswachstums, der Entwicklungserfordernisse der ärmeren Staaten sowie des starken Anstiegs des Energieverbrauchs in Ländern wie China und Indien werden sich der globale Energieverbrauch und damit die genannten Probleme weiter verschärfen, wenn nicht gegengesteuert wird.

Strategien

All dies macht deutlich, dass dem Energiebereich in der Umsetzung des Nachhaltigkeitsleitbilds entscheidende Bedeutung zukommt. Um energiebezogene Nachhaltigkeitsziele wie Ressourcenschonung, Umwelt-, Klima- und Gesundheitsverträglichkeit, Verteilungsgerechtigkeit, Versorgungssicherheit oder Risikoarmut (Kopfmüller et al. 2000) erreichen zu können, stehen drei strategische Ansätze im Mittelpunkt (Enquete-Kommission Nachhaltige Energieversorgung 2002): erstens die Steigerung der Energieeffizienz sowohl auf der Seite der Energieproduzenten als auch der Konsumenten, zweitens die Substitution von kohlenstoffreicheren Energieträgern (Kohle und Öl) durch kohlenstoffärmere (vor allem Gas), und drittens der verstärkte Einsatz erneuerbarer Energiequellen (Sonne, Wind, Wasser, Biomasse, Geothermie usw.).

Weitgehende Einigkeit besteht darin, dass die mittelfristige Realisierung möglicher Effizienzsteigerungen von bis zu 80 Prozent und die Erreichung eines Anteils regenerativer Energieträger von 50 Prozent nur über das Zusammenwirken verschiedener Maßnahmen möglich sein werden. Technologische Innovationen und die Umsetzung bereits verfügbarer sinnvoller technologischer Optionen in den verschiedenen Bereichen werden dabei eine wesentliche Rolle spielen. Beispielhaft zu nennen sind hier etwa verbesserte Energiewandlungstechnologien in Kraftwerken und dezentralen Anlagen, Kraft-Wärme-Kopplungssysteme, energie- und materialsparende Produktionsprozesse, Brennstoffzellen in stationärem und mobilem Einsatz, verbrauchsärmere Fahrzeugantriebe, Wärmedämmungstechnologien, Niedrig-, Null- oder Passivenergiehäuser, verbesserte Haushaltsgeräte, Speichertechnologien für den Einsatz erneuerbarer Energien oder Weiterentwicklungen im Bereich Photovoltaik oder Solarthermie (vgl. BMWA 2005, RNE 2004, Hake/Eich 2005). Darüber hinaus gelangen auch Themen wie die Kernfusion (Milch 2003), die Kernenergie angesichts der Hoffnung auf so genannte inhärent sichere Reaktoren (BMU 2004a) oder auch die Abtrennung von CO_2-Emissonen direkt bei ihrer Entstehung und ihre »Lagerung« etwa in der Tiefsee (Kemfert/Schumacher 2005) in die Debatte.

Verändertes Verhalten

Vieles spricht jedoch dafür, dass technische Effizienz- und Substitutionsansätze alleine zumindest auf längere Sicht für eine global nachhaltige Entwicklung im Energiebereich nicht ausreichen werden. Hinzukommen müssen auch an der wesentlichen Ursache des globalen Energieverbrauchs – der Höhe und Beschaffenheit des Lebensstandards in den Industriestaaten – ansetzende Strategien. Beispielsweise mit dem Ziel, das Mobilitätsverhalten dahingehend zu ändern, dass motorisierte Verkehrsmittel nicht nur effizienter, sondern auch in geringerem Umfang genutzt werden.

Für all dies bedarf es auch institutioneller, organisatorischer und sozioökonomischer Innovationen, angemessener politischer Rahmenbedingungen in Form von zum Teil tiefgreifenden ordnungs-, preis- und planungspolitischen Instrumentarien sowie vermehrter zielgerichteter Forschungsanstrengungen.

6.2 Wasser

Wasser ist eine elementare erneuerbare Ressource, von deren Verfügbarkeit und Qualität nicht nur Gesundheit und Wohlergehen des Menschen, sondern die Existenz der gesamten Biosphäre und auch das Funktionieren vieler industrieller Prozesse abhängt (Klaphake 2003). Über die Befriedigung direkter physischer Bedürfnisse des Menschen (Ernährung, Waschen) hinaus, stellt Wasser zusammen mit Kohlendioxid den grundlegenden Baustein für sämtliche Biomasse dar. Neben der Produktion von Holz betrifft dies vor allem die Erzeugung von Lebens- und Futtermitteln (Kap. 6.3) (Lehn et al. 1996). Wirtschaftlich hat Wasser Bedeutung als Reinigungsmittel, als Transportmittel, als Energieträger, als Lösungsmittel oder als Betriebsstoff, es ist aber auch ein wichtiger kultureller Faktor (Hiessl 2005: 142). Aufgrund des von der Sonne getriebenen Wasserkreislaufs ist Wasser eine erneuerbare Ressource. Es wird vom Menschen nicht verbraucht, sondern genutzt, und wird nach der Nutzung als Abwasser – verschmutzt oder erwärmt – in den Wasserkreislauf zurückgegeben.

Versorgung und Entsorgung

Zur Wassernutzung ist (zumindest in den Industrieländern) eine komplexe Infrastruktur der Versorgung und Entsorgung aufgebaut worden. Diese dient einerseits der Versorgungssicherheit und der Qualitätssicherung des Trinkwassers, andererseits der sicheren sowie umwelt- und gesundheitsverträglichen Entsorgung von Abwässern. In der Regel wird dabei Süßwasser verwendet, das dem Grundwasser und Oberflächengewässern entnommen wird. Entwickelte Staaten in ariden (trockenen) Zonen wie etwa Israel nutzen in zunehmendem Maße moderne Technik (wie Umkehrosmose) zur Entsalzung von Meerwasser zu vertretbaren Kosten.

Schadstoffanreicherung

Im wasserreichen Deutschland besteht insbesondere die Gefahr der langfristigen Anreicherung von Schadstoffen in Teilen des Wasserkreislaufs, etwa im Grundwasser. Bereits kleinste Mengen an Verunreinigungen können große Grundwasserressourcen über lange Zeiträume unbenutzbar machen (Kopinke et al. 2002). Die Erhaltung einer ökologisch und gesundheitlich unbedenklichen Qualität des globalen Wasservorrates ist daher ein wichtiges Nachhaltigkeitsziel (Lehn et al. 1996).

Regionale Ungleichverteilung

Trinkwasser ist eine regional sehr ungleich verteilte Ressource (Steiner/Lehn 1999). In vielen Regionen der Welt (wie in der Sahel-Zone) herrscht ein erheblicher Wassermangel, der zu Versorgungsproblemen führt und der die landwirtschaftliche Produktion begrenzt. Weltweit haben zirka 1,2 Milliarden Menschen keine ausreichende Versorgung mit sauberem Trinkwasser. 2,4 Milliarden Menschen leben ohne Anschluss an eine gesundheitlich unbedenkliche Abwasserentsorgung (Hiessl 2005). Dementsprechend leidet ein großer Teil der Menschen in Entwicklungsländern an Krankheiten, die unmittelbar mit der schlechten Qualität des Trinkwassers oder den hygienischen Verhältnissen bei der Abwasserentsorgung zusammenhängen. Ein großer Teil der Kindersterblichkeit in diesen Gebieten wird dadurch verursacht. Von den Vereinten Nationen wurde Wasser als einer der wichtigsten begrenzenden Faktoren für die sozio-ökonomische Entwicklung unter den Bedingungen einer rasch wachsenden Weltbevölkerung genannt. Knappheit und regional ungleiche Verteilung von Wasser bergen erhebliche Konfliktpotenziale. Es besteht die Sorge, dass Wasserknappheit im 21. Jahrhundert zu einem der bedeutendsten Anlass für kriegerische Auseinandersetzungen werden könnte. Der globalen Bedeutung des Wassers wird mit der 2005 begonnenen UN-Dekade »Wasser – Quelle des Lebens« Rechnung getragen (www.hydrogeographie.de/res_un_wasserdekade.htm).

Handlungsstrategien

Innovative Technologien in Wassernutzung und Abwasserbehandlung können zur nachhaltigen Entwicklung beitragen. Durch wassersparende Verfahren in Industrie und Haushalten ist in Deutschland eine Entkopplung des Wachstums des Wasserverbrauchs vom Wirtschaftswachstum gelungen (Hiessl 2005: 145). Entscheidend für die Erhaltung der Qualität von Grundwasser und Oberflächengewässern ist jedoch weniger die Begrenzung des Wasserverbrauchs, sondern der Schadstoffeintrag durch Landwirtschaft, Industrie und private Haushalte. Durch emissionsarme Technologien und Filter konnten Wasserverunreinigungen über den Boden, die Luft oder direkt in Gewässer seit den siebziger Jahren drastisch verringert werden. Trotzdem ist die langfristige Anreicherung problematischer Stoffe im Wasser (Nitrat, Pestizidrückstände, Antibiotika, Hormone usw.), insbesondere aus Landwirtschaft, Haushalten und Kliniken, weiterhin ein ernsthaftes Problem, zu dessen Lösung bevorzugt Vorbeugungs- und Vermeidungsstrategien zum Einsatz kommen sollten. Nachsorgende Strategien kommen im Fall schwer belasteten Grundwassers in Betracht (Kopinke et al. 2002).

Perspektiven für Entwicklungsländer

Für die teils dramatische Situation in Entwicklungsländern und die dortigen rasch wachsenden Megacities sind – mit Hilfe der Industrieländer – innovative Konzepte der Wasserver- und Entsorgung erst noch zu entwickeln, da die Übertragung der aus den gemäßigten Breiten stammenden Konzepte in tropische oder aride Gebiete häufig nicht sinnvoll ist (Hiessl 2005). Hierbei kommt es vielfach nicht auf High-Tech-Lösungen an, sondern auf robuste, preisgünstige und unter schwierigen Bedingungen zuverlässig funktionierende Technik, die sich in die jeweiligen kulturellen Gegebenheiten einpasst.

6.3 Ernährung

Mengenmäßig und qualitativ ausreichende Ernährung ist ein existenzielles Grundbedürfnis des Menschen. Ernährung beeinflusst wesentlich Gesundheit, Leistungsfähigkeit und Wohlbefinden auf individueller und gesellschaftlicher Ebene. Bei der Ernährung wird die grundlegende Abhängigkeit des Menschen von natürlichen Ressourcen besonders deutlich. Gleichzeitig stellt sie einen wesentlichen Teil der Kultur und ein Medium der sozialen Begegnung dar. Waren traditionell Ernährung und Nahrungsmittelproduktion regional geprägt, so hat die Globalisierung mittlerweile auch den Nahrungsmittelsektor erreicht. Die internationale Präsenz von Ketten wie McDonald's und Marken wie Coca Cola verändert die Ernährungsgewohnheiten weltweit. Der Nahrungsmittelindustrie und dem Handel kommt auf diese Weise zunehmende ökonomische Bedeutung zu, während die Landwirtschaft weiter ökonomisch und damit auch als kultureller Faktor an Bedeutung verliert (vgl. Kap. 6.4). Durch die industrielle Verarbeitung von Nahrungsmitteln, vor allem durch unübliche Produktionsketten, entstehen neue Risiken für die Lebensmittelsicherheit (wie die BSE-Krise).

Ernährungssicherheit

Eine Mindestbedingung für nachhaltige Entwicklung ist die langfristige Gewährleistung von Ernährungssicherheit auf lokaler, nationaler und globaler Ebene. Sie ist dann gegeben, wenn alle Menschen jederzeit physisch und wirtschaftlich Zugang zu ausreichender, gesundheitlich unbedenklicher und nahrhafter Nahrung haben (FAO 1996). Damit ist zunächst ein *Mengenproblem* verbunden angesichts der weiter steigenden Weltbevölkerung; vor allem handelt es sich jedoch um ein globales *Verteilungsproblem*: Überschüssen in vielen Industrieländern stehen gravierende Mangelsituationen in vielen Entwicklungsländern gegenüber.

Hunger und Mangelernährung

Weltweit leiden zirka 800 Millionen Menschen an chronischer Unterernährung. Täglich sterben zirka 24.000 Menschen – hauptsächlich Kinder unter fünf Jahren – an den Folgen. Unterernährung zieht darüber hinaus Behinderungen, Leistungseinschränkungen und Krankheiten nach sich. Verheerend wirkt sich häufig die Kombination mit Problemen der Wasserver- und -entsorgung aus (vgl. Kap. 6.2). Verbreitete Unterernährung kann außerdem massive politische und soziale Instabilität sowie negative wirtschaftliche Folgen verursachen. Hunger und Mangelernährung werden vor allem in Afrika durch Kriege, bürgerkriegsähnliche Auseinandersetzungen, fehlende Armutsbekämpfung, beschränkten Zugang der Kleinbauern zu Produktionsmitteln, mangelhafte Infrastruktur, Korruption sowie unzureichende Rechtssysteme verursacht oder verstärkt (Paarlberg 2002). Das Fehlen einer funktionierenden staatlichen Ordnung stellt vielfach ein Haupthindernis für Maßnahmen zur kurz- oder mittelfristigen Verbesserung der Situation dar. Vorsorge spielt häufig kaum eine Rolle. Die Anfälligkeit gegenüber Naturkatastrophen (vor allem Dürren) ist dadurch besonders hoch. Langfristig können großflächige Umweltzerstörungen sowie klimabedingte ökologische Veränderungen die Ernährungslage regional zusätzlich deutlich verschlechtern.

Wenig Hoffnung auf rasche Besserung

Das bereits seit 1996 international bestehende Ziel, die Anzahl der Hungernden bis 2015 zu halbieren, wurde beim Weltgipfel 2002 in Johannesburg bekräftigt. Obwohl das notwendige Wissen und die technischen Mittel hierzu vorhanden sind, steigt in vielen Ländern die Zahl der unterernährten Menschen weiter an. Das Bevölkerungswachstum verschärft vielfach die Probleme. Aufgrund des teilweise mangelnden politischen Willens zur Hungerbekämpfung und der erwähnten politisch-institutionellen Defizite in vielen betroffenen Ländern besteht zurzeit wenig Hoffnung auf eine umfassende Wende.

Dabei darf nicht übersehen werden, dass neben ausreichenden fruchtbaren Böden und einem geeigneten Klima das zur Verfügung stehende Wasser oftmals die Möglichkeiten zur Nahrungsmittelproduktion begrenzt. Derzeit werden weltweit 60 bis 70 Prozent der erschlossenen Süßwasserressourcen zur landwirtschaftlichen Bewässerung eingesetzt. Bei dem prognostizierten Bevölkerungswachstum werden viele Staaten Afrikas und Asiens in wenigen Jahrzehnten die erforderlichen Nahrungsmittel aufgrund von Wassermangel nicht mehr produzieren können. Sie werden auf Nahrungsmittelimporte aus Regionen angewiesen sein, wo Wasser und fruchtbare Böden eine Produktion über den eigenen Bedarf hinaus zulassen (Handel mit so genanntem »virtuellem Wasser«) (Zehnder 2002; www.waterfootprint.org).

Nahrungsmittelüberfluss

Dagegen führt in vielen Industrieländern der Nahrungs*überfluss* zu Problemen. Übergewicht und ernährungsabhängige Krankheiten haben sich, häufig in Verbindung mit Bewegungsmangel, zu Volkskrankheiten entwickelt und nehmen weiter zu, gerade auch bei Kindern und Jugendlichen und besonders in den sozial benachteiligten Schichten (Bundesregierung 2005). Insbesondere der hohe Fleischkonsum stellt sowohl in gesundheitlicher Hinsicht als auch wegen der erheblichen Umweltfolgen der Massentierhaltung (vgl. Kap. 6.4) ein Kernproblem dar. Zahlreiche Informations- und Aufklärungsprogramme (Bundesregierung 2005: 63ff.) haben an diesen Trends bislang wenig geändert.

Konsumentenverhalten

Seit Jahrzehnten sinken in den Industrieländern die Lebensmittelpreise, verursacht durch Produktivitätssteigerungen in der Landwirtschaft und den sich verschärfenden Wettbewerb. Allerdings beziehen diese Preise die externen ökologischen, sozialen und gesundheitlichen Folgekosten bei weitem nicht ein. Bei den meisten Konsumenten ist nach wie vor der Preis das Hauptkriterium beim Lebensmitteleinkauf. Deswegen haben die häufig teureren Produkte, die unter Beachtung von Nachhaltigkeitsleitlinien produziert, verarbeitet und vermarktet werden, nur einen kleinen, wenn auch wachsenden Anteil am Gesamtmarkt der Lebensmittelbranche. Damit breite Bevölkerungsschichten die Möglichkeit erhalten, sich gesundheitsbewusst zu ernähren, und diese Möglichkeit auch wahrnehmen, ist neben entsprechenden Preisen die Vermittlung von Wissen sowie die Schaffung von gesamtgesellschaftlichen Strukturen erforderlich, die Entscheidungen für eine gesunde Ernährungsweise erleichtern und aktiv fördern. Hier bestehen große Defizite, auch mit Blick auf den wachsenden Bereich der Convenience- und Fast-Food-Produkte. Eine nachhaltigkeitsorientierte Ernährungspolitik existiert bislang nicht (Coenen/Grunwald 2003: 185).

6.4 Landwirtschaft

Die Landwirtschaft ist traditionell der zentrale Sektor der Nahrungsmittelproduktion. Sie ist ein ökonomischer und kultureller Faktor von kulturgeschichtlich erheblicher, in den Industrieländern seit Jahrzehnten allerdings stark abnehmender Bedeutung. Landwirtschaft ist der weltweit größte Flächennutzer und ein großer Wasserverbraucher. Die gezielte Nutzung von Flächen zur Produktion von Nahrungsmitteln und die resultierende Umgestaltung von natürlichen Landschaften zu Kulturlandschaften führen zu weit reichenden Eingriffen in die natürliche Umwelt. Um langfristig die Ernährung des Menschen sichern zu können, müssen die für die landwirtschaftliche Produktion benötigten Ressourcen (Boden, Wasser, Nutzpflanzen, Nutztiere) und verträgliche Klimabedingungen erhalten werden. Negative Folgen (wie Umweltbelastungen) aus der Landwirtschaft sind möglichst zu vermeiden.

Umweltprobleme

Die gegenwärtige Situation wird diesen Zielen jedoch nicht gerecht. Vor allem der hohe Fleischkonsum in den Industrieländern und die dafür erforderliche Massentierhaltung stellen die wichtigste Ursache für eine Reihe von landwirtschaftlich bedingten Umweltproblemen dar. Die Methan-Emissionen in Deutschland stammen zu knapp 50 Prozent aus der Landwirtschaft. Hinzu kommen Rückstände von Pflanzenschutzmitteln und Tierarzneimitteln im Grundwasser. Durch ineffizienten und zu hohen Düngereinsatz kommt es zu Stickoxid-Emissionen sowie zu Phosphat- und Nitratbelastungen der Gewässer. Großflächige Monokulturen führen – im Gegensatz zu traditionellen kleinteiligen Kulturlandschaften – zur Reduzierung der Artenvielfalt. Global gesehen nahm der Anteil der von Bodenerosion betroffenen Ackerflächen während der letzten Jahrzehnte aufgrund größerer Felder und intensivierter Bodenbearbeitung weltweit zu. Der hohe Wasserbedarf intensiver Landwirtschaft stellt insbesondere in trockenen Gebieten ein großes Problem dar. Die Bodenversalzung als Folge intensiver Bewässerung gefährdet die Bodenfruchtbarkeit. Schleichende Verunreinigungen des Grundwassers (etwa durch Medikamente) haben über die landwirtschaftliche Produktion Folgen für die Nahrungsmittelkette. Die industriell betriebene Intensivlandwirtschaft führt also nicht nur zu erhöhter Produktivität und zu niedrigen Lebensmittelpreisen (vgl. Kap. 6.3), sondern auch zu erheblichen ökologischen Problemen.

Strategien

Zur Steigerung der Nachhaltigkeit in der Landwirtschaft existieren zwei konträre Konzepte. Im *ökologischen Landbau* wird der Akzent auf eine Extensivierung der Landwirtschaft gesetzt. Durch eine Rücknahme der industrialisierten Produktionsweise zugunsten einer stärker im Einklang mit der Natur arbeitenden Landwirtschaft (etwa durch den Verzicht auf Pflanzenschutzmittel) soll die Umweltverträglichkeit gesteigert werden. Während dies in etwa der Konsistenzstrategie entspricht (vgl. Kap. 5.3), zielt das *Precision Farming* im Sinne der Effizienzstrategie auf einen durch Technik effizienter gestalteten Produktions- und Verarbeitungsprozess. Gezielte Düngungssysteme unterstützt durch Satellitenfernbeobachtung, Dosiersysteme für die individuelle Fütterung von Hochleistungsmilchkühen oder die Nutzung der Informationstechnik sind Beispiele (Rösch et al. 2002).

Veränderte Aufgaben

Die abnehmende ökonomische Bedeutung der Landwirtschaft hat seit Jahrzehnten erhebliche Folgen für den ländlichen Raum. Die Politik zielt zum einen auf den Erhalt oder Ausbau von Subventionen, um den Strukturwandel hin zu weniger, größeren und stärker technisierten Betrieben zu verlangsamen und dadurch sozialverträglicher zu gestalten. Zum anderen wird versucht, neben der traditionellen Nahrungsmittelproduktion neue Aufgaben für die Landwirtschaft zu identifizieren. Die Bereitstellung nachwachsender Rohstoffe für die Industrie zur energetischen oder stofflichen Verwendung (Wintzer et al. 1993), die Pflege der Kulturlandschaft etwa in klimatisch oder topographisch benachteiligten Regionen wie den Mittelgebirgen oder der Alpenregion, oder auch eine stärkere Rolle im Tourismus sind Ansätze für eine nachhaltige Entwicklung des ländlichen Raumes unter veränderten Rahmenbedingungen.

Europäische Perspektive

Auf der globalen Ebene stellen die umfangreichen Agrarsubventionen der Europäischen Union ein Problem dar (Coenen/Grunwald 2003: 126ff.). Der EU-Anteil an den globalen Agrarexportsubventionen liegt seit einigen Jahren zwischen 80 und 90 Prozent. Diese Subventionen stellen eine erhebliche Beeinträchtigung sowohl der Exporteinnahmemöglichkeiten als auch der einheimischen Produktionsmöglichkeiten insbesondere der ärmsten Staaten dar. Gleichzeitig ist es bislang kaum gelungen, das Leitbild der nachhaltigen Entwicklung in die Gemeinsame Agrarpolitik der EU (GAP) zu integrieren (Höreth 2001). Diese stellt sich immer noch zumindest auch als »Sozialpolitik für Landwirte« dar (ebd.: 53) und ist damit Interessenpolitik der Mitgliedsländer – was sich durch die EU-Erweiterung 2004 eher verschärft hat. Reformanstrengungen müssten vor allem die institutionellen Gefüge in der EU verändern und mehr Transparenz schaffen (ebd.).

6.5 Wohnen und Bauen

Wohnen gehört zu den menschlichen Grundbedürfnissen. Seine Erfüllung erfolgt durch das Bauen von Unterkünften verschiedenster Art, die von einfachsten Behausungen – wie in südamerikanischen Favellas – bis hin zu Luxushäusern reichen.

Damit sind verschiedene Nachhaltigkeitsaspekte verbunden (Jörissen et al. 2005). Zunächst geht es darum, alle Menschen mit adäquatem Wohnraum zu versorgen und ein positives Wohnumfeld zu schaffen, etwa durch kulturelle Angebote und kommunale Infrastrukturen. Hierzu werden in großem Umfang natürliche Ressourcen in Form von Baumaterialien (Steine, Kies, Holz), Wasser und Energie (vor allem für die Heizung) verbraucht, und es entsteht ein erheblicher Bedarf an Infrastrukturen (Straßen, Kanalisation, Telefon, Wasser, Energie usw.). Des Weiteren führt der für das Bauen erforderliche Flächenbedarf zur Ressourcenverknappung, zu Bodenversiegelung oder zu Landschaftszerschneidungen etwa durch Verkehrsinfrastrukturen, mit negativen Folgen etwa für die Biodiversität. Das Wohnen erzeugt dann weitere Bedürfnisse zum Beispiel nach einer geeigneten Einrichtung. Darüber hinaus wirkt sich die Wahl des Wohnortes auf die Entstehung von Verkehrsströmen aus (wie Berufsverkehr). Schließlich entstehen auch am »Lebensende« von Gebäuden angesichts der anfallenden Schuttmengen erhebliche Entsorgungs- und Rezyklierungserfordernisse (Baccini/Bader 1996).

Unzureichende Wohnraumversorgung

Das Problem der Wohnraumversorgung ist selbst in den Industriestaaten nur zu einem Teil gelöst. Benachteiligte Gruppen wie Alleinerziehende, Familien mit mehreren Kindern, Langzeitarbeitslose, Ausländer und Arme haben nur begrenzten Zugang zum Wohnungsmarkt. Ihre Zahl steigt in vielen Ländern, genau wie die Zahl der Obdachlosen. In vielen Entwicklungsländern ist die Versorgung mit adäquatem Wohnraum weithin nicht gewährleistet. Insbesondere in den rasch wachsenden Millionenstädten (Megacities) bestehen erhebliche Probleme. Zu der teils katastrophalen Qualität der Unterbringung kommen eine unzureichende oder keine Versorgung mit wichtigen Infrastrukturen (Energie, Wasser, Information, Straßen) hinzu. Das durch Landflucht wilde und ungeplante Wachsen dieser Städte in geregelte Bahnen zu lenken, stellt eine bislang ungelöste Aufgabe von Stadtplanung und Raumordnung dar.

Zu hoher Flächenverbrauch

In Deutschland besteht in vielen Städten und Regionen eine weiterhin steigende Nachfrage nach Wohnraum trotz stagnierender Bevölkerung. Dies liegt an der Zunahme der Zahl der Haushalte (die allerdings aus immer weniger Personen bestehen) und an der Zunahme des Wohnflächenbedarfs pro Person. Diese Entwicklung hat einen erheblichen Anteil an dem viel zu hohen Verbrauch von Siedlungs- und Verkehrsfläche (zurzeit knapp 100 ha/Tag, während das Ziel der deutschen Nachhaltigkeitsstrategie bei 30 ha/Tag liegt). Er wird vor allem durch den Eigenheimbau »im Grünen« verursacht (Jörissen/Coenen 2006), der durch staatliche Subventionen wie die Eigenheimzulage und die Pendlerpauschale lang Zeit gefördert wurde und zum Teil noch wird. Auch der Energieverbrauch für Heizungszwecke und der CO_2-Ausstoß bewegen sich – trotz großer Fortschritte in der Gebäudedämmung – weiterhin auf hohem Niveau.

Schrumpfung von Städten

Ein neuartiges Problem stellt die Schrumpfung von Städten dar. Durch Abwanderung besonders der jungen Bevölkerung aufgrund schlechter sozio-ökonomischer Lebensbedingungen sind bereits heute viele Städte in den ostdeutschen Bundesländern davon betroffen. Aufgrund des demografischen Wandels, das heißt einer Überalterung der Bevölkerung und einer wahrscheinlichen Abnahme der Bevölkerungszahlen in vielen europäischen Ländern nach 2030, werden in Zukunft von dieser Entwicklung weitere Städte betroffen sein, allerdings wird es große regionale Unterschiede in der Bevölkerungsentwicklung geben. Hier kündigt sich eine neue Herausforderung für kommunale Nachhaltigkeitsbemühungen an (Jörissen et al. 2005).

Handlungserfordernisse

Nachhaltige Entwicklung im Bereich Wohnen und Bauen bedarf unterschiedlicher Innovationen, Änderungen der gesetzlichen Rahmenbedingungen sowie Verhaltensänderungen. Beispielsweise können Materialbedarf und Energieverbrauch beträchtlich vermindert werden, wenn sich das Bauen noch stärker »im Bestand« vollziehen würde statt primär auf Neubauten zu setzen. Beispielsweise lag der Anteil der bezüglich des Heizwärmebedarfs noch nicht sanierten Gebäude im Jahre 2000 bei rund 80 Prozent (RNE 2004). Ein Bauen im Bestand wäre auch arbeitsintensiver und würde dementsprechend zu mehr Arbeitsplätzen im Baugewerbe führen. Allerdings würde es ein Umdenken in weiten Bevölkerungsteilen und andere Schwerpunkte in der Architektenausbildung voraussetzen. Auch in Raumordnung und Stadtplanung sind innovative Ansätze der Flächennutzungsplanung gefragt, vor allem in Bezug auf die Koordinierung über kommunale Grenzen hinweg (Jörissen/Coenen 2006).

Technische Innovationen

Das Potenzial technischer Innovationen ist bislang nicht ausgereizt. In Bezug auf den Heizenergiebedarf sind technische Verbesserungen verfügbar, allerdings liegt hier ein Umsetzungsproblem vor. Die Flexibilität der Nutzung bestehender Gebäude kann durch entsprechende intelligente Planung erhöht werden, wodurch ein *Bauen im Bestand* auch bei sich verändernden Nutzungsansprüchen erleichtert würde. Schließlich können Konzepte eines »intelligenten Hauses« den Energiebedarf minimieren, in Kombination mit der Nutzung erneuerbarer Energieträger (wie Solarzellen auf dem Dach) bis hin zu einem »Null- oder Plus-Energiehaus«.

6.6 Mobilität

Mobilität, verstanden als Beweglichkeit bzw. Raumüberwindung von Personen und Gütern, stellt zum einen ein wesentliches gesellschaftliches Bedürfnis dar, das vor allem in Form der verschiedenen Ausprägungen von motorisiertem und nicht-motorisiertem Verkehr seine Befriedigung findet. Die individuellen Mobilitätszwecke und -motive sind vielfältig, zum Teil existenzieller Art. Wege werden zum Erreichen des Arbeits- oder Ausbildungsplatzes, für berufliche Zwecke, zum Einkaufen, in Freizeit und Urlaub, im Zusammenhang mit sozialen Kontakten, Kommunikation usw. zurückgelegt. Zum anderen ist Mobilität sowohl Folge von als auch wesentliche Voraussetzung für eine zunehmend arbeitsteilig organisierte und globalisierte wirtschaftliche (und gesellschaftliche) Entwicklung.

Vielfältige Probleme

Aber auch hier existiert eine Kehrseite der Medaille. Personen- und Güterverkehr mit Flugzeug, Pkw, Bahn und Bus sowie die jeweils vor- und nachgelagerten Aktivitäten verursachen in erheblichem Umfang Treibhausgase, umwelt- und gesundheitsschädigende Schadstoffemissionen (wie Feinstaub) und Lärmbelastungen, sie führen zu Ressourcenverbrauch, Flächenversiegelung und Landschaftszerschneidungen, und sie sind mit einer Vielzahl von Toten und Verletzten infolge von Unfällen verbunden (für Details vgl. SRU 2005 a/b). Dabei nehmen die Verkehrsleistungen und der Energieverbrauch – im Unterschied zu anderen Sektoren – bezogen auf die Wirtschaftsleistung noch zu. Gleichzeitig sind die Zugangsmöglichkeiten zu Verkehrs(dienst)leistungen sehr ungleich verteilt: Zahlreiche Menschen verfügen über keinen Pkw oder haben keine Haltestelle des öffentlichen Verkehrs in ihrer näheren Umgebung. Für sie sind Bedürfnisbefriedigung und die Teilnahme am gesellschaftlichen Leben nur entsprechend eingeschränkt möglich. Nicht zuletzt verursachen die Behinderungen durch Verkehrsstaus erhebliche finanzielle Kosten.

Zusammensetzung und Ausmaß dieser Probleme hängen weitgehend vom Umfang des Verkehrs und der Wahl der Verkehrs- bzw. Transportmittel ab. Angesichts der erkennbaren globalen Bevölkerungs-, Wirtschafts- und Lebensstilentwicklung und für den Fall ausbleibender steuernder Eingriffe ist zukünftig eine weitere Zunahme der Mobilitätsbedürfnisse und -ansprüche, des Verkehrs und der damit verbundenen Probleme zu erwarten.

Nachhaltige Mobilität

Vor diesem Hintergrund wird nachhaltige Mobilität im Wesentlichen verstanden als Mobilität für möglichst alle Menschen zur Befriedigung der oben genannten Bedürfnisse, verbunden mit möglichst wenig unerwünschten Nebenwirkungen. Handlungsorientierungen sind also vor allem Ressourcen- und Umweltschonung, Lärmminderung, Sicherheit und soziale Gerechtigkeit (Behrens/Siebenhüner 2004, Willeke 2003, OECD 1997). Zur Umsetzung all dessen existieren im Wesentlichen vier grundlegende Ansätze (vgl. BMU 2003), die seit vielen Jahren, mit unterschiedlichen Gewichtungen, diskutiert und praktiziert werden: Die Vermeidung von Verkehr (das heißt sowohl die Verkürzung als auch das Unterlassen von Wegen), die Verlagerung des Verkehrs auf umweltfreundlichere Verkehrsträger, die technische Optimierung von Fahrzeugen und Verkehrsabläufen sowie die angemessene Gestaltung der Verkehrsinfrastrukturen.

Verkehrsvermeidung und -verlagerung

Für die Realisierung der von vielen als erforderlich angesehenen ambitionierten Vermeidungs- und Verlagerungsziele sind grundlegende Veränderungen an verschiedenen Stellen erforderlich. Im Vordergrund steht hier zum einen eine teilweise Neuorientierung und stärkere Integration von Raum-, Siedlungs-, Wirtschafts- und Verkehrspolitik, um weniger verkehrs- und transportintensive Siedlungsstrukturen, Produktions-, Konsum- und Freizeitaktivitäten zu bewirken. Hier geht es etwa um die

Stärkung regionaler Wirtschaftskreisläufe oder die Förderung eines regionaler orientierten Freizeit- und Tourismusverhaltens. In den Blick zu nehmen sind dabei letztlich auch grundlegende gesellschaftspolitische Entscheidungen wie etwa die sicher verkehrserzeugend wirkenden EU-Erweiterungsschritte. Zum anderen kommt der Förderung und Attraktivitätssteigerung nachhaltigerer Verkehrsmittel und -systeme, einschließlich Fußgänger- und Radverkehr, eine wichtige Bedeutung zu.

Rahmenbedingungen und Lösungsansätze

Alle Ansätze erfordern geeignete Forschungs- und Förderstrategien sowie die Setzung politischer Rahmenbedingungen, die wirksame Anreize für ein entsprechendes Verhalten der Akteure enthalten. Ziel solcher Vermeidungs- und Verlagerungsansätze ist die Entkopplung zwischen der Entwicklung der Wirtschaftsleistung einerseits und der Entwicklung der Verkehrs- und Transportleistung bzw. deren Folgewirkungen andererseits.

Technische Optimierungsoptionen können an verschiedenen Punkten ansetzen (BMU 2003, Höpfner et al. 2002, WBCSD 2004): einerseits an den Verkehrsmitteln selbst, vor allem in Form von alternativen Antriebskonzepten (Elektro, Hybrid, Brennstoffzelle) oder an alternativen Kraftstoffen (Gas, Methanol, Wasserstoff, synthetische Kraftstoffe aus Gas oder Biomasse), häufig in Verbindung mit optimierten Werkstoffen. Andererseits kann die Technik auch auf der Systemebene Problemlösungsbeiträge leisten. Beispielsweise können Informations- und Kommunikationstechnologien in den Bereichen Verkehrsleitung, Optimierung von Kapazitätsnutzungen, Logistik, Car-Sharing oder in der Kombination verschiedener Verkehrsträger dazu beitragen, Verkehrsvermeidungs-, -verlagerungs- und -effizienzziele zu erreichen. Allerdings weisen Untersuchungen zur Rolle der Telematik auf relativ begrenzte Beiträge zu Effizienz- und Umweltverbesserungen hin (Halbritter et al. 2002). Daher sind auch hier neben den entsprechenden Forschungsanstrengungen Rahmenbedingungen erforderlich, um geeigneten Innovationen zum Durchbruch zu verhelfen und um bei den privaten und öffentlichen Akteuren entsprechende Verhaltensänderungen und Investitionen zu bewirken.

Jeder dieser Ansätze stellt einen unerlässlichen Baustein für eine nachhaltigkeitsorientierte Verkehrs- und Mobilitätspolitik dar. Angesichts der anzustrebenden Ziele werden sie in angemessener Weise zu kombinieren sein, um dem Phänomen besser zu begegnen, dass durch technischen Fortschritt erzielte Effizienzverbesserungen bei Fahrzeugen durch Art und Intensität ihrer Nutzung (über)kompensiert werden.

6.7 Arbeit

Menschliche Arbeit und ihre Gestaltung stellen eine wichtige Voraussetzung für die Erfüllung verschiedener Bedürfnisse dar. Der Begriff Arbeit umfasst zum einen die entlohnte Erwerbsarbeit, zum anderen die verschiedenen Formen der Eigen-, Subsistenz-, Versorgungs- und Gemeinschaftsarbeit. Letztere weisen einen ähnlichen Umfang auf, werden jedoch meist nicht entlohnt und überwiegend von Frauen geleistet. Dem so verstandenen Faktor Arbeit kommt eine zentrale Bedeutung sowohl für gesellschaftliche Entwicklung als auch für die Lebensqualität, das »Menschsein«, des Einzelnen zu. Er stellt die Versorgungsbasis für Individuen und Familien dar, macht einen wichtigen Teil der Identitätsbildung und Selbstverwirklichung aus, trägt zu Status und Prestige innerhalb des Gemeinwesens bei, führt zu sozialen Kontakten und ist somit bedeutsam für soziales Zusammenleben. Deswegen ist der Verlust des Arbeitsplatzes oder der nicht gelingende Einstieg in das Arbeitsleben für die Betroffenen häufig mit finanziellen Problemen und psychosozialen Folgen in Form von gestörter Identitätsentwicklung oder mangelnder sozialer Anerkennung verbunden. Trotz dieser Bedeutung hat das Thema Arbeit erst vergleichsweise spät einen angemessenen Raum in der Nachhaltigkeitsdebatte eingenommen (Hildebrandt 2003).

Prinzipiell sind die Themen Arbeit und nachhaltige Entwicklung in zweierlei Weise miteinander verknüpft: Zum einen stellen der Einsatz des Faktors Arbeit, seine Verteilung auf die Menschen sowie die Gestaltung von Arbeitsbedingungen und -qualität sowohl eigenständige Nachhaltigkeitsziele als auch eine Voraussetzung für die Erreichung anderer Nachhaltigkeitsziele dar. Zum anderen können sich Maßnahmen zur Erreichung von Nachhaltigkeitszielen (wie umwelt-, finanz- oder sozialpolitische Maßnahmen) auf den Faktor Arbeit auswirken.

Arbeitslosigkeit und ihre Folgen

In den letzten Jahrzehnten wurde in Politik und Öffentlichkeit der Fokus eindeutig auf den Bereich der Erwerbsarbeit gerichtet. Gleichwohl stellt das Phänomen Arbeitslosigkeit, das heißt der Ausschluss arbeitswilliger Menschen aus dem Erwerbsarbeitssektor, ebenfalls seit Jahrzehnten und mit zeitlichen und regionalen Schwankungen ein dringliches gesellschaftliches Problemfeld dar. Bei einem Arbeitskräftepotenzial von derzeit weltweit rund drei Milliarden Menschen sind gegenwärtig ungefähr 180 Millionen Menschen offiziell als arbeitslos registriert, was einer Quote von ungefähr 6 Prozent entspricht (ILO 2004). Das gesamte Ausmaß der Unterbeschäftigung wird auf rund 850 Millionen Menschen geschätzt, wobei der weitaus größte Teil auf die Entwicklungsländer entfällt. Darüber hinaus verfügen 90 Prozent der Weltbevölkerung über keine oder eine nur unzureichende Absicherung gegen Krankheit, Arbeitslosigkeit, Unfall oder Alter (Hildebrandt 2003). All dies hat mit dazu beigetragen, dass sich die Ungleichverteilung der Einkommen zwischen dem reichsten und dem ärmsten Fünftel der Menschheit in der Vergangenheit deutlich verstärkt hat. Gleichzeitig ist ein Trend in der globalen Wirtschaft in Richtung Flexibilisierung, Zunahme von Schattenwirtschaft und Schwarzarbeit, Wachstum des informellen Sektors und »Informalisierung des formellen Sektors« zu beobachten (Enquete-Kommission »Globalisierung der Weltwirtschaft« 2002).

Stärkung der Erwerbsarbeit

Vor diesem Hintergrund werden zur Erreichung des Ziels einer stärkeren Verknüpfung zwischen dem Arbeitssektor und nachhaltiger Entwicklung vor allem zwei grundlegende Handlungsoptionen diskutiert bzw. praktiziert. Die eine Option geht von der Prämisse aus, dass im Prinzip nur über Erwerbsarbeit Menschen für die Ausübung als sinnvoll erachteter Tätigkeiten ausreichend bezahlt werden können (Spangenberg 1998), dass der Erwerbsarbeit daher zentrale Bedeutung für nachhaltige Entwicklung zukommt und dass wir es heute eigentlich nicht mit einem Mangel an (Erwerbs-)Arbeit zu tun haben. Demzufolge steht hier der Versuch im Vordergrund, die marktvermittelte Nachfrage nach vor allem formeller Erwerbsarbeit und damit die entsprechende Beschäftigtenquote zu erhöhen. Die Palette der Maßnahmen ist sehr breit und umfasst Ansätze zur Senkung der Preise des Produktionsfaktors Arbeit verglichen mit den Faktoren Kapital und Ressourcen, die Schaffung neuer Arbeitsplätze in Produktionsfeldern, die zugleich der Erreichung anderer Nachhaltigkeitsziele dienen (wie Umweltschutz, Gesundheitswesen), Ansätze einer veränderten Verteilung der Arbeit etwa über Arbeitszeitregelungen, Maßnahmen zur angemesseneren Qualifizierung der (potenziell) Beschäftigten oder generell die Veränderung direkt und indirekt wirkender sozial-, finanz- und steuerpolitischer Rahmenbedingungen für Nachfrager und Anbieter von Arbeit.

Neue Formen der Arbeit

Bei der zweiten Option wird von der These ausgegangen, dass »der Gesellschaft die Arbeit ausgeht«. Als Ursache hierfür werden vor allem der technische Fortschritt und die daraus resultierenden Effekte auf Rationalisierung und Arbeitsplatzabbau gesehen. Dies würde zu einer Zurückdrängung der klassischen Erwerbsarbeit und zu einer Veränderung der industriellen Arbeitsgesellschaft führen. Für erforderlich gehalten wird daher eine deutliche Verlagerung in Richtung Eigen-, Subsistenz-, Gemeinschafts- oder Bildungsarbeit, beispielsweise auch auf Tausch-Systemen beruhend, eingebettet in ein verändertes, postmaterielles Verständnis von Wirtschaften, Wohlfahrt und Lebensqualität, jenseits der wachstums- und konsumorientierten Paradigmen der Industriegesellschaft (Bierter/von Winterfeld 1998, Gorz 1998, Saiger 1998).

Letztlich wird die entscheidende Herausforderung darin bestehen, diese beiden Ansätze so zu verknüpfen, dass es gelingt, die Erfüllung individueller Bedürfnisse ebenso wie die Realisierung der verschiedenen Nachhaltigkeitsziele in einer für die Gesellschaft bezahlbaren Weise zu ermöglichen.

Zusammenfassung

In der Debatte um nachhaltige Entwicklung geht es primär, ausgehend von der Brundtland-Definition, um die Befriedigung menschlicher Bedürfnisse unter den Prämissen der Zukunftsverantwortung und der Gerechtigkeit (Kap. 3). Diese sind grundlegende Bedürfnisse des Menschen wie Ernährung oder Wohnen. In modernen Gesellschaften kommen Bedürfnisse wie Mobilität oder ein erheblicher Energiebedarf hinzu. Die Sicherstellung der Versorgung mit Gütern wie Nahrungsmitteln, Wasser, Energie oder Wohnraum hängt von entsprechenden gesellschaftlichen Versorgungsstrukturen ab. Zum Teil haben diese den Charakter von Infrastrukturen zur Elektrizitätsversorgung oder zur Wasserver- und -entsorgung. Nachhaltigkeitsrelevant ist in diesen, die gesamte Gesellschaft durchdringenden Bereichen erstens die Sicherstellung der Versorgung mit den Grundgütern im Hinblick auf Menge und Qualität. Zweitens geht es um die Lösung des Verteilungsproblems mit dem Ziel des chancengleichen Zugangs. Drittens ist zu beachten, dass die Befriedigung gesellschaftlicher Bedürfnisse wiederum Nebenfolgen mit sich bringt, die unter Nachhaltigkeitsaspekten zu minimieren wären.

7. Gesellschaftliche Akteure

Kommunikation und Verständigung

Unterschiedliche staatliche und nicht-staatliche Akteure besitzen verschiedene Kompetenzen und bewegen sich in Gefügen mitunter sehr unterschiedlicher Regeln, Normen, Wertmuster und Interessen, die ihr Handeln prägen. Entsprechend unterscheiden sich auch ihre Vorstellungen darüber, was nachhaltige Entwicklung sein soll, zum Teil erheblich. Die Kontroversen etwa zwischen Bauernverband und Verbraucherministerium oder zwischen Umwelt- und Unternehmensverbänden sind hinlänglich bekannt. Vor diesem Hintergrund bringt die Realisierung einer nachhaltigen Entwicklung vor allem drei Herausforderungen bzw. Notwendigkeiten mit sich: Erstens muss zwischen den Akteuren ein gemeinsames Verständnis über die Zielorientierungen und die geeigneten Wege dahin bestehen. Dazu müssen die institutionellen Voraussetzungen für Aushandlungs- und Einigungsprozesse geschaffen werden. Zweitens bedarf es der Fähigkeit und der Bereitschaft der Akteure zum Lernen, also gegebenenfalls ihre Handlungsmuster aufgrund veränderten Wissens oder festgelegter Ziele zu ändern (Liedke/Rohn 2003, Siebenhüner 2004). Drittens sollten geeignete politische und institutionelle Rahmenbedingungen geschaffen werden, damit sich die Akteure auch den gesetzten Zielen entsprechend verhalten.

7.1 Unternehmen

Unternehmen kommt für die Umsetzung nachhaltiger Entwicklung eine in verschiedener Weise zentrale Bedeutung zu. Als Hersteller von Gütern und Dienstleistungen beeinflussen sie mit ihren investitions-, produkt- und produktionsprozessbezogenen Entscheidungen sowie mit der Durchführung (und dem Unterlassen) von Forschung, Aus- und Weiterbildung *direkt* die Entwicklung von Ressourcenverbrauch, Umweltbelastungen oder von Art und Umfang des Einsatzes der Faktoren Kapital, Arbeit und Wissen. Diese Bedeutung kommt in unterschiedlicher Weise global wie auch national agierenden (kleinen und mittelständischen) Unternehmen zu. Sie wirken aber auch *indirekt* durch die Beeinflussung von Konsum- und Lebensstilen, insbesondere durch Werbung, oder von politischen Rahmenbedingungen und Entscheidungen durch Gremien- und Lobbyarbeit.

Dem entsprechend reicht die Rolle der Unternehmen über die traditionelle ökonomische Interpretation hinaus, die auf die Bereitstellung von Gütern und Dienstleistungen zur Bedürfnisbefriedigung mit möglichst effizientem Mitteleinsatz beschränkt ist. Kapitel 30 der Agenda 21 enthält mit Blick auf die Berücksichtigung und Stärkung der Rolle von Unternehmen die Forderung, eine umweltverträglichere Produktion sowie eine verantwortungsbewusste Unternehmerschaft zu fördern.

Erweiterte Verantwortung

In der Umsetzung eines integrativen Nachhaltigkeitskonzepts, das auf der Handlungsleitlinie Verantwortung für gegenwärtige und kommende Generationen basiert, muss ein solches erweitertes Rollenverständnis in ein breites Verständnis von Verantwortung der Unternehmen münden. Neben der internen Perspektive der im engeren Sinne ökonomischen Verantwortung für die Überlebenssicherung des Unternehmens (Müller-Christ/Hülsmann 2003) und für die Interessen der Eigentümer muss diese auch die Interessen der Beschäftigten (vertreten durch Gewerkschaften und Betriebsräte) sowie eine externe Perspektive umfassen. Letztere beinhaltet zum einen Verantwortung etwa für Kommunen, die den Unternehmen Infrastrukturen und andere Standortfaktoren zur Verfügung stellen, zum anderen Verantwortung für die Gesellschaft als Ganzes angesichts der weit reichenden – positiven wie negativen – ökologischen, sozialen und ökonomischen Folgewirkungen unternehmerischen Handelns.

Erweiterte Erfolgs- und Bewertungskriterien

Hinsichtlich der Erfolgs- und Bewertungskriterien für dieses unternehmerische Handeln muss eine entsprechende Erweiterung sowohl auf der unternehmensinternen Entscheidungsebene als auch auf der politischen Ebene erfolgen. Zu den klassischen und nach wie vor in der Praxis dominierenden Kriterien wie Gewinn, Kapitalrendite oder Wachstum müssen auch andere Aspekte in den Blick genommen werden, mit der Perspektive eines umfassenderen, nicht nur im engen ökonomischen Sinne verstandenen Wertschöpfungsbegriffs. Zu nennen sind hier insbesondere Ressourcenverbrauch, Umweltbelastungen, Gesundheitsbeeinträchtigungen am Arbeitsplatz und außerhalb, Form und Intensität des Einsatzes des Faktors Arbeit, die Entwicklung von Humankapital (wie angemessene Qualifikation, Aus- und Weiterbildung der Mitarbeiter), die Gewährleistung von Chancengleichheit in Betrieben für Frauen oder ältere Mitarbeiter, Mitbestimmungsaspekte oder die Verteilung der erwirtschafteten Wertschöpfung. Bedeutsam ist auch die Frage der angemessenen Wahrnehmung internationaler Verantwortung. Dies kann etwa über die Gestaltung von Arbeitsbedingungen in ausländischen Produktionsstandorten (wie hinsichtlich Kinderarbeit, kultureller Verträglichkeit von Produktionstechnologien oder Gesundheitsrisiken) geschehen, über (Forschungs-)Kooperationen mit Entwicklungsländern oder über den Transfer geeigneter Technologien in die ärmeren Staaten.

Wege zum verantwortlichen Unternehmen

Ähnlich wie im Zusammenhang mit Technologien oder Regionen (Kap. 3) sollte hier nicht von nachhaltigen Unternehmen gesprochen werden, sondern von einem Beitrag, den Unternehmen für die Umsetzung einer nachhaltigen Entwicklung leisten können und sollen. Hierzu bedarf es steuernder Prozesse, im Wesentlichen in Form der Festlegung von Zielorientierungen für bestimmte Indikatoren sowie des Einsatzes geeigneter Instrumente zur Zielerreichung bzw. Problemlösung. Entscheidend sind dabei die Fragen nach den Steuerungssubjekten, den Steuerungsinstrumenten und den Steuerungsebenen.

Selbst- und Fremdsteuerung

Die Frage nach den Steuerungssubjekten, also danach, »*wer* steuert«, kreist im Wesentlichen um die beiden Prinzipien der Selbststeuerung der Unternehmen und der Fremdsteuerung. Letztere kann aus der Sicht eines Unternehmens zwei »Quellen« haben: zum einen den Staat, der relevante Rahmenbedingungen verschiedenster Art setzt, zum anderen die übrigen Unternehmen oder auch die Finanzmärkte, deren Handeln und Regeln gerade in Zeiten zunehmender Globalisierung wichtige Randbedingungen für das Handeln eines Unternehmens darstellen. In der Debatte stehen hier auf der einen Seite diejenigen, die das Setzen verbindlicher zielorientierter Rahmenbedingungen und die Überprüfung ihrer Einhaltung durch staatliche Institutionen für unerlässlich halten. Dem steht eine auch von den meisten Unternehmen vertretene Position gegenüber, die die Steuerungskompetenz primär den Unternehmen selbst zuschreibt. Unter Hinweis auf die These des Staatsversagens und auf die Existenz einer intrinsischen Motivation der Unternehmen zu nachhaltigem Verhalten wird hier vor allem die Vorteilhaftigkeit von Instrumenten betont, die auf freiwilligen Vereinbarungen und Verpflichtungen der Unternehmen basieren.

Beispiel Unter den Stichworten *Corporate Governance* oder *Corporate Sustainability* werden mittlerweile unterschiedlichste Konzepte und Methoden einer Umsetzung dieses Selbststeuerungsansatzes in ein unternehmensinternes Nachhaltigkeitsmanagement diskutiert und mitunter auch angewendet (Bieker et al. 2002, Schaltegger et al. 2002). Zu nennen sind hier die umweltbezogenen Zertifizierungssysteme EMAS und ISO 14001, auf soziale Aspekte fokussierte Systeme wie *Social Accountability 8000* aus den USA (Lohrie 2001), vor allem aber integrierte Systeme wie das von der EU entwickelte *Corporate Social Responsibility* (CSR) (Loew et al. 2004), das von den Vereinten Nationen entwickelte *Global Compact* (www.unglobalcompact. org) oder der vom deutschen Forschungsministerium initiierte Ansatz der *Sustainability Balanced Scorecard* (SBSC) (Bieker et al. 2001). In diesen Managementsystemen dokumentiert sich eine deutliche Entwicklungstendenz von einer Umwelt- hin zu einer umfassenderen Nachhaltigkeitsorientierung bei Unternehmen (Welford 1997). Sie enthalten Kriterien bzw. Indikatoren vor allem aus den Bereichen Menschenrechte, Arbeitsstandards, Humankapital und Umwelt, die in Nachhaltigkeitsberichten dokumentiert und gegebenenfalls veröffentlicht werden können und mit denen eine Art Nachhaltigkeits-Controlling ermöglicht werden soll.

Begrenzte Anwendung

Allerdings ist einschränkend festzustellen, dass eine substanzielle Orientierung an Nachhaltigkeitskriterien – trotz einer wachsenden Zahl von »Pionieren« – bislang nur in einer Minderheit der Unternehmen stattfindet. Grundsätzlich überwiegt als Motiv für solches Handeln die Aussicht auf Kosteneinsparungen und Gewinnsteigerungen, also die klassische »win-win«-Option. Trifft dies nicht zu, findet in den meisten Fällen nachhaltigkeitsorientiertes Verhalten nicht oder nur eingeschränkt statt. Mitunter wird in der eher mittel- und längerfristigen Perspektive die umfassender verstandene Existenzsicherung des Unternehmens (im Sinne des Substanzerhalts) angeführt, in den seltensten Fällen stehen ethische Erwägungen oder die Verantwortung für bzw. die Mitgestaltung von gesellschaftlicher Entwicklung im Vordergrund (Dyllick 2002, Leitschuh-Fecht/Steger 2003).

Politische Rahmenbedingungen

In der Frage danach, *wie* gesteuert werden soll, bedarf es angesichts der bislang nur zögerlichen Umsetzung dieser freiwilligen Selbststeuerungsinstrumente zusätzlich der Setzung politischer Rahmenbedingungen, für die im Wesentlichen zwei Ansatzpunkte existieren. Geht man von einer zumindest kurzfristigen Unveränderbarkeit der beschriebenen, ökonomisch dominierten Motivlage der Unternehmen für nachhaltiges Verhaltens aus, dann besteht die nächstliegende direkte Steuerungsmöglichkeit darin, die Voraussetzungen zu schaffen, dass sich nachhaltiges Verhalten für Unternehmen »lohnt«. In einer marktwirtschaftlich organisierten Gesellschaft kann eine dahin gehende Lenkungswirkung über die »Belohnung« (etwa durch Subventionen) erwünschten Verhaltens erfolgen oder über die »Bestrafung« nicht-nachhaltigen Verhaltens (durch Steuern und Abgaben, Ordnungsrecht, Grenzwerte usw.).

Die Wahrnehmung von Verantwortung kann bei Unternehmen auch durch Haftungsregeln umgesetzt werden. Bislang werden Rahmenbedingungen hier weitestgehend auf den Bereich der Produkthaftung begrenzt diskutiert und umgesetzt. Darüber hinaus beginnt auch eine Diskussion über weitergehende strukturelle Veränderungen. Vorschläge zielen hier beispielsweise auf die Veränderung und Eliminierung bestehender Haftungsbegrenzungs- oder -ausschlussmechanismen, etwa durch eine Reform des Aktienrechts und des GmbH-Gesetzes oder eine Begrenzung der Unternehmer auf voll haftende Einzelkaufleute (Bannas 2003).

Nachhaltigkeitsberichterstattung

Eher *indirekte* Steuerungsmöglichkeiten bestehen vor allem im Zusammenhang mit der Nachhaltigkeitsberichterstattung der Unternehmen. Sie könnte ein Instrument der Rechnungslegung gegenüber Öffentlichkeit und Politik darstellen. Damit kommt ihr sowohl für die erfolgreiche Kommunikation des Leitbilds als auch unter Akzeptanz- und Wettbewerbsgesichtspunkten für Unternehmensaktivitäten erhebliche Bedeutung zu. Gleichwohl haben nur rund ein Drittel der 150 größten deutschen Unternehmen einen Nachhaltigkeitsbericht oder vergleichbares veröffentlicht (Loew et al. 2005), bei kleinen und mittleren Unternehmen ist der Anteil deutlich geringer. Ein Viertel der deutschen Konzerne legt sogar weder einen Nachhaltigkeits- noch einen Umweltbericht vor. Dazu zählen auch DAX-Unternehmen wie Commerzbank, Continental oder Thyssen-Krupp oder große Handelsketten wie Aldi und Lidl.

Vor dem Hintergrund der noch sehr zögerlichen Berichtspraxis und einer sehr uneinheitlichen Kriterienverwendung stellt sich zunehmend die Frage nach Möglichkeiten und Grenzen von Verbindlichkeit und Vereinheitlichung der Berichte. Besondere Bedeutung kommt hier der *Global Reporting Initiative* (GRI) zu, die in Zusammenarbeit zwischen der us-amerikanischen NGO *Coalition for Environmentally Responsible Economics* (CERES) und dem UN-Umweltprogramm UNEP entstand. Der aktuelle GRI-Leitfaden enthält Vorschläge zu Format, Struktur und Inhalt (Unternehmensprofil, -Kennzahlen, -strategien) von Nachhaltigkeitsberichten (GRI 2002). Indikatoren sind etwa der Material-, Energie- und Wasserverbrauch, Treibhausgas- und Luftschadstoffemissionen, Arbeitsplatzschaffung, Arbeitsunfälle, Weiterbildung, Geschlechteranteil in Leitungsfunktionen oder Angebot an Teilzeitarbeitsplätzen. Etwas weiter in die Zukunft gedacht, könnten solche Berichte eine Etappe auf einem Weg darstellen, an dessen Ende eine Art Nachhaltigkeitsbilanz steht, in der umfassend verstandene Verantwortung ein hartes Kriterium bildet, und die die bislang übliche Unternehmensbilanz ablöst oder ergänzt.

Bedeutung für Finanzmärkte

Solche Berichte bzw. die darin enthaltenen Informationen spielen in zunehmendem Maße auch für Entscheidungen auf den Finanzmärkten eine Rolle, die für die Unternehmen als Kapitalquelle, aber auch für die Umsetzung nachhaltiger Entwicklung insgesamt sehr bedeutsam sind. Unter den Stichworten sozial verantwortliches, ethisches oder nachhaltiges Investment werden Informationen über Unternehmen oder Anlageformen veröffentlicht und, wie im Falle von Aktiengesellschaften, in Nachhaltigkeits-Indizes wie dem *Dow Jones Sustainability Index* (www.sustainability-indexes.com) alternativ zu den herkömmlichen Aktienindizes gebündelt (Schröder 2005; www.nachhaltiges-investment.org). Anhand solcher Informationen können diejenigen privaten oder institutionellen Anleger und Investoren entscheiden, die neben Renditemaximierung und Risikominimierung auch andere Kriterien einbeziehen wollen. Der Gesamtumfang solcher Anlagen ist zwar noch relativ gering, weist jedoch erhebliche Steigerungsraten auf. Für die USA wird bereits von einem Anteil von rund 10 Prozent von allen Fondsinvestitionen ausgegangen (Schröder 2005). Die Einführung einer einheitlichen Nachhaltigkeitsberichtspflicht könnte zu einer weiteren Beschleunigung dieses Prozesses beitragen.

Globalisierungsfolgen für Steuerung

Eng verknüpft mit der Frage, wer Unternehmen steuert, ist auch die Frage nach den verschiedenen politischen oder räumlichen Steuerungsebenen, also danach, *wo* gesteuert wird und werden kann. Dabei ist zunächst festzuhalten, dass vor allem die vielfältigen Globalisierungsprozesse mit Blick auf Unternehmen wie auch Nationalstaaten zu veränderten Beziehungsgefügen geführt haben. Für die Unternehmen werden einerseits die Selbststeuerungsspielräume geringer, sowohl für die »global player« durch den globalisierten Wettbewerb, als auch für die national agierenden Unternehmen aufgrund der Auswirkungen durch die internationalen Märkte. Andererseits gewinnen »global player« Einflussmöglichkeiten, etwa auf Zulieferer. Für die meisten Nationalstaaten reduzieren sich die Selbststeuerungsmöglichkeiten, sowohl durch die entstehenden Konkurrenzen zu anderen Staaten etwa um Standorte, als auch durch das Abwanderungs-Drohpotenzial global agierender Unternehmen.

Wege aus der Steuerungsmisere

Vor dem Hintergrund dieser veränderten Handlungsmöglichkeiten, der begrenzten Wirksamkeit freiwilliger Verpflichtungen wie auch der Leistungsgrenzen staatlichen Handelns sind Steuerungsansätze erforderlich, die akteursbezogen, konzeptionell und räumlich integriert angelegt sind. Anzuführen ist hier zum einen der Versuch, unter dem Begriff des »kooperativen Regierens« und mit Methoden der Kontextsteuerung oder der proaktiven Politik eine zielorientierte intelligente Verknüpfung zwischen steuerndem Staat und Selbststeuerungsfreiräumen der Unternehmen zu erreichen (Hey 2003). Zum anderen verbindet sich mit dem bereits seit längerem diskutierten Konzept »Global Governance« die Zielsetzung einer institutionellen und politischen Gestaltung der Globalisierungsprozesse (Kap. 8.5). Bis zu einem gewissen Grad werden beide Ansätze eine »nachholende Globalisierung der Politik« als Reaktion auf die Globalisierung des Wirtschaftens erfordern.

7.2 Konsumenten

Der Konsum von Gütern und Dienstleistungen ist für viele Menschen selbstverständlicher Teil des Alltagslebens und stellt einen wesentlichen Faktor menschlicher Entwicklung dar. Dabei sollte Konsum als ein umfassender, über den ökonomischen Kaufakt hinausgehender Prozess verstanden werden, beginnend mit der individuellen Bedürfnisreflexion, über die Kriterienwahl und Informationsbeschaffung für die Kaufentscheidung, den Kauf und die Nutzung der Produkte bis hin zu deren Entsorgung (Scherhorn et al. 1997, Schneider 1999).

In der Definition der Volkswirtschaftlichen Gesamtrechnung setzt sich der »Konsum« aus den privaten und staatlichen Konsumausgaben zusammen und wird von den Investitionen (durch Unternehmen und Staat) sowie vom Außenbeitrag (Export minus Import) abgegrenzt. Prinzipiell sind unter den Konsumbegriff neben den materiellen, monetär erfassten Gütern auch immaterielle sowie solche Güter zu fassen, die durch unbezahlte gemeinnützige oder ehrenamtliche Tätigkeiten erzeugt werden. Derzeit machen die Konsumausgaben der privaten und öffentlichen Haushalte sowohl global als auch in Deutschland rund 75 Prozent des Bruttoinlandsprodukts aus (World Bank 2005, UNEP 2002, Statistisches Bundesamt 2004).

Was beeinflusst den Konsum?

Bedeutsam für Konsumentscheidungen ist zunächst die individuelle Gewichtung der vielfältigen möglichen Motive und Zwecke. Konsum kann existenziellen Zwecken dienen, wenn es um Ernährung, Wohnen oder Gesundheit geht, er kann der Unterhaltung, der Bildung oder der Teilnahme an sozialer Kommunikation und Gemeinschaft, der individuellen Selbstverwirklichung und auch der Statuserlangung dienen. Des Weiteren spielen Faktoren wie verfügbares Einkommen, Zeitbudget, das Produktangebot oder diesbezügliche Informationen eine wichtige Rolle. Schließlich werden individuelle Konsumentscheidungen auch durch das existierende gesellschaftliche Umfeld beeinflusst, das aus Normen, Werten, kulturellen Gegebenheiten, Medien, Moden oder dem Rechts-, Finanz- und Sozialsystem besteht, aber auch aus grundlegenden Trends wie der Globalisierung.

Die Zusammenhänge zwischen Konsum und menschlicher Entwicklung sind vielfältig. Einerseits ermöglicht Konsum für den Einzelnen die Befriedigung von Bedürfnissen, die Verbesserung von Lebensqualität und die Teilhabe am gesellschaftlichen Leben, gesamtgesellschaftlich führt er zu Wertschöpfung oder zur Schaffung von

Arbeitsplätzen. Andererseits sind die verschiedenen Aktivitäten im Laufe des Konsumprozesses mit negativen Folgen für die Umwelt und für künftige Generationen (durch Ressourcenverbrauch, Emissionen oder Abfälle) und eventuell auch – zum Beispiel abhängig von den Produktions- oder Entsorgungsrealitäten – für die Lebensbedingungen in bestimmten Regionen verbunden.

Neben dem absoluten Umfang des Konsums kommt auch seiner Verteilung gesellschaftspolitische Bedeutung zu. Global betrachtet entfallen derzeit nur 1 bis 2 Prozent der privaten Konsumausgaben auf das ärmste Fünftel der Menschheit, jedoch ungefähr 80 Prozent auf das reichste Fünftel in den Industriestaaten. Anders als in den ärmeren Staaten geht dort Konsum weit über die Deckung der Grundbedürfnisse hinaus, erfüllt auch Ansprüche bis hin zu Status- und Luxusbedürfnissen.

Konsum in der Agenda 21

Vor diesem Hintergrund war die Analyse und Bewertung von Konsummustern von Beginn an ein ähnlich zentrales Thema in der Nachhaltigkeitsdebatte wie die Analyse der Produktionsprozesse. Was in den siebziger und achziger Jahren noch unter Begriffen wie »qualitativer Konsum« oder »ökologisch verantwortlicher Konsum« diskutiert worden war, wurde jetzt unter dem Leitbild des »nachhaltigen Konsums« in einen breiteren Kontext gestellt. In der Agenda 21 fand das Thema in Kapitel 4 einen eigenständigen Platz. Dort wurde die Staatengemeinschaft aufgefordert, Anstrengungen zu unternehmen, nicht-nachhaltige Konsumgewohnheiten zu erfassen und Strategien für deren Veränderung zu entwickeln und umzusetzen. Darüber hinaus finden sich in verschiedenen anderen Kapiteln deutliche Hinweise auf konsumbezogene Aspekte im Zusammenhang mit Themen wie Energie, Verkehr oder Abfall.

Nachhaltiger Konsum

In der Frage, was unter nachhaltigem Konsum zu verstehen sein soll, besteht zumindest in den Grundzügen Konsens. Im Kern geht es um eine Verwendung von

Gütern und Dienstleistungen, die den Bedürfnissen heute und künftig lebender Menschen gerecht wird und deren Lebensqualität verbessert, ohne dabei die ökologischen, ökonomischen, sozialen und kulturellen Ressourcen der Gesellschaft substanziell zu beeinträchtigen (UNCSD 1998). Spangenberg (2003: 139) spricht ein wenig plastischer von nachhaltigem Leben als gutem, gesundem, verantwortungsvollem, partnerschaftlichem, bewusstem Leben. Allerdings bedarf eine solche grundlegende Orientierung für Konsumenten konkretisierender Kriterien, wie sie die im Kapitel 4 dieses Buches skizzierten Nachhaltigkeitsregeln oder auch in nationalen Strategien festgelegte Ziele (vgl. Kap. 8.2) darstellen. Dabei hat sich in der Debatte die Einsicht weitgehend durchgesetzt, dass Konsum und Produktion zwei untrennbare Seiten einer Medaille sind und dass Konsumenten und Produzenten gleichermaßen wesentliche Verantwortung für einen nachhaltigen Konsum zukommt.

Marrakesch-Prozess

Trotz der Bedeutung, die das Thema nachhaltige Konsummuster im Rahmen der Rio-Konferenz, der Rio-Dokumente und auch des Rio-Folgeprozesses erlangte, trotz des im Grundsätzlichen bestehenden Konsenses und trotz vereinzelter Erfolge ist es dennoch in den 1990er Jahren kaum gelungen, eine breite Etablierung in konkretes politisches Handeln und signifikante Verbesserungen zu erzielen. Ein wesentlicher Grund hierfür lag sicher darin, dass anknüpfend an Kapitel 4 der Agenda 21 zunächst kein konkretes Aktionsprogramm entwickelt wurde. Dies gelang erst im Kontext des Weltgipfels in Johannesburg 2002. Dort wurde in Kap. III des offiziellen »Plan of Implementation« ein Zehn-Jahres-Rahmenprogramm zur Implementierung nachhaltiger Konsum- und Produktionsmuster vorgelegt, in dem Vorschläge für konkrete Maßnahmen und Instrumente gemacht wurden (www.un.org/esa/sustdev/documents/WSSD_POI_PD/English/WSSD_PlanImpl.pdf). Im Rahmen der ersten globalen Konferenz zu diesem Themenfeld 2003 in Marrakesch wurden Eckpunkte und Aufgaben für den so genannten »Marrakesch-Prozess« festgelegt (www.un.org/esa/sustdev/sdissues/consumption/marrakech.htm). Darin sollen weitere Konkretisierungsschritte unternommen, Grundzüge einer Langzeitstrategie für die internationale wie die nationale Umsetzung konzipiert, neue Initiativen gestartet, Aktivitäten auf den verschiedenen Ebenen gebündelt und der Informationsaustausch zwischen diesen Ebenen gefördert werden.

Verantwortung der Industriestaaten

Angesichts ihrer Rolle in der Verursachung der (globalen) Nachhaltigkeitsprobleme kommt den Industriestaaten für die Umsetzung nachhaltiger Konsum- und Produktionsmuster eine herausgehobene Verantwortung zu. In der Frage nach den erforderlichen Strategien und Maßnahmen geht es darum, auf der Vielzahl bereits vorhandener Ansätze, Praxisinitiativen und Vorschläge aufzubauen und diese um weitere geeignete zu ergänzen (Eberle et al. 2004, Commission 2004, RNE 2002a, Scherhorn/Weber 2002, UNEP 2002).

Strategien

Zur Reduzierung der mit dem Konsum verbundenen Probleme lassen sich zwei wesentliche Strategietypen unterscheiden: zum einen eine problemärmere Gestaltung des *bestehenden* Konsumniveaus durch eine Verbesserung vorhandener Produkte – etwa hinsichtlich ihrer Ressourceneffizienz (siehe Kap. 5.3) – oder durch neue Produkte. Adressaten sind hier sowohl die herstellenden Unternehmen als auch die Konsumenten, die entsprechende Kaufentscheidungen treffen müssen. Der zweite Typ zielt auf eine Reduzierung des Konsum*niveaus*, durch eine reduzierte Nachfrage nach oder eine geringere Nutzung von Produkten. Im Vordergrund steht hier ein verändertes Verständnis von »Lebensstandard« und »Lebensqualität« bei den Konsumenten.

Politische Rahmenbedingungen

Die breite Palette hierfür bereits umgesetzter oder diskutierter Instrumente umfasst zunächst solche in Form von politisch gesetzten Rahmenbedingungen. Zu nennen sind hier die verschiedenen ordnungsrechtlich (Grenzwerte, Gebote) oder über den Preis (Steuern, Abgaben usw.) steuernden Mechanismen. Sie können an Ressourcenverbrauch, Emissionen, Abfällen, aber auch am Arbeits- und Kapitaleinsatz, an der Lebensdauer oder Reparaturfreundlichkeit der Produkte, an den Herstellungsbedingungen oder an den Bedingungen des internationalen Handels ansetzen. Bedeutsam ist auch der Abbau solcher Subventionen, die Anreize für nicht-nachhaltiges Konsumverhalten bieten (Steuerbefreiung von Flugbenzin, Pendlerpauschale oder Eigenheimzulage sind bekannte und viel diskutierte Beispiele), also die Subventionierung von nachhaltigkeitsförderlichem Verhalten.

Eine weitere Gruppe von Instrumenten beinhaltet informatorische Ansätze, die im Sinne einer neuen, kooperativen Verbraucherpolitik (Reisch 2004) eine bessere Informationsgrundlage und ein verstärktes Bewusstsein für die Nachhaltigkeitsthematik, für entsprechende Produkte und Konsummuster schaffen und Wertewandelprozesse in diese Richtung anstoßen sollen. Beispiele sind hier Produktkennzeichnungspflichten zu Energieverbrauch oder Inhaltsstoffen, Labels, die bestimmte Produkteigenschaften auszeichnen oder der »Nachhaltige Warenkorb« (RNE 2002a). Auch (Vor-)Schulerziehungs- und Erwachsenenbildungsmaßnahmen zählen hierzu. Allerdings werden in der Praxis immer wieder die Grenzen solcher Bemühungen deutlich, wenn Konsumenten wider besseres Wissen handeln, weil anderen der oben genannten Konsummotive größeres Gewicht als den Nachhaltigkeitskriterien beigemessen wird.

Freiwillige Verhaltensänderungen

Daneben existiert mittlerweile eine Vielzahl von auf Freiwilligkeit und häufig auf selbstorganisatorischen Prozessen beruhenden Ansätzen und Initiativen. Mit Blick auf die Produzentenseite ist hier vor allem das klassische Instrument der freiwilligen Selbstverpflichtung zu nennen. Gegenstand solcher Vereinbarungen können bestimmte Eigenschaften von Produkten oder der Einsatz bestimmter Stoffe oder Produktionsverfahren (Kinderarbeit, Massentierhaltung usw.) sein. Auch das Angebot an fair gehandelten Produkten ist hierzu zu zählen. Auf der Konsumentenseite sind Initiativen für den Kauf (oder den Boykott) bestimmter Produkte anzuführen. Des Weiteren existieren Ansätze zu veränderten oder gemeinsamen Nutzungsformen wie Pool-Lösungen (Car-Sharing), Gebrauchtwarenbörsen, Tauschringe und -börsen oder ein breiteres Second-Hand-Produktangebot (für weitere Beispiele siehe Scherhorn/Weber 2002 und Schrader/Hansen 2001). Hier bestünde die Aufgabe für Politik und Wissenschaft vor allem darin, nach den am besten geeigneten Ansätzen zu suchen, um diese dann zielorientiert im Rahmen eines Gesamtkonzepts zu fördern.

Realisierungsbedingungen für nachhaltigen Konsum

Für die Umsetzbarkeit und Wirksamkeit all dieser Instrumente und des Ziels eines global nachhaltig(er)en Konsums spielen verschiedene Faktoren eine Rolle. *Erstens* muss es gelingen, die mittlerweile in der Debatte weit verbreitete Erkenntnis umzusetzen, dass es nicht *den* Konsumenten gibt, sondern eine Vielzahl unterschiedlicher Konsumententypen mit unterschiedlichen Bedürfnissen und Lebensstilen (Empacher 2002, Reusswig 1994). Dies erfordert den Einsatz von Instrumenten, mit denen entsprechende Differenzierungsmechanismen möglich sind. *Zweitens* wird nach wie vor in weiten Teilen der Gesellschaft soziales Ansehen wesentlich an Umfang und Statussymbolträchtigkeit des materiellen Konsums geknüpft. Daher sind Anstrengungen zu unternehmen, das Bewusstsein für die Vorteilhaftigkeit einer »Entkopplung« zwischen Konsumniveau und Lebensqualität zu stärken und Wege dahin aufzeigen. *Drittens* ist es sowohl für die Setzung von Zielen als auch für die Entwicklung von Strategien wichtig, neben den

Konsumenten und Produzenten auch Akteure wie Handel, Medien oder Werbewirtschaft einzubeziehen. *Viertens* muss es gelingen, die wesentlichen konsumbeeinflussenden Faktoren auf der Makroebene wie Globalisierung, Informationsgesellschaft oder veränderte gesellschaftliche Arbeitsstrukturen in ihren Potenzialen zu nutzen und ihren Risiken zu minimieren. Schließlich ist es *fünftens* mit Blick auf globale Verantwortung unerlässlich, in den Industriestaaten die möglichen Konsequenzen eines veränderten Konsumverhaltens für die Entwicklungsländer – etwa durch eine Beeinträchtigung der für sie häufig existenzsichernden Exportmöglichkeiten – sowie geeignete Kompensationsmaßnahmen in Betracht zu ziehen.

7.3 Zivilgesellschaft

Mit dem Begriff der »Zivilgesellschaft« oder »Bürgergesellschaft« sind vor allem zwei grundlegende Merkmale verbunden. Zum einen bezeichnet er in demokratischen Gesellschaften eine Akteursgruppe, der eine intermediäre Funktion zwischen Staat und Wirtschaft zukommt (Nohlen 2001). Zum anderen verbinden sich mit ihm bezogen auf gesellschaftliche Entscheidungsprozesse in besonderem Maße Werte wie Wahrung der Bürgerrechte, bürgerschaftliches Engagement, Bürgerbeteiligung, Gemeinwohlorientierung oder auch Toleranz und Gewaltfreiheit.

Wie setzt die Zivilgesellschaft sich zusammen?

Bei den Akteuren handelt es sich um Individuen und eine große Vielfalt nicht-staatlicher, formeller und informeller Organisationen und Gruppen, die meist ohne Gewinnerzielungsabsichten agieren. Hierzu zählen zum einen die überwiegend seit den siebziger Jahren entstandenen und in ihrer Zahl stetig zunehmenden Umwelt-, Verbraucherschutz-, Frauenrechts- oder Menschenrechtsorganisationen und Bürgerinitiativen also die heute meist als Nichtregierungsorganisationen (engl.: NGO) bezeichneten Gruppen, zum anderen eher traditionelle Organisationen wie Kirchen, Rotes Kreuz, Wohlfahrtsverbände oder Vereine. In Deutschland wird derzeit von rund einer Million Organisationen unterschiedlichster Größe ausgegangen, in denen sich ungefähr 22 Millionen Menschen engagieren (Ebermann et al. 2005, Enquete-Kommission »Zukunft des bürgerschaftlichen Engagements« 2002: 26).

Das heute herrschende Verständnis von Zivilgesellschaft als ein Korrektiv sowohl zur Allgegenwart der Staatsmacht als auch zur Herrschaft der Märkte ist aus den Traditionen der Aufklärung und der Philosophien von Locke und Hegel Ende des 18. Jahrhunderts entstanden (Adloff 2005, Gosewinkel et al. 2004). Erkennbare gesellschaftspolitische Relevanz hat es erstmals in den Bürgerrechtsbewegungen Lateinamerikas und Osteuropas in den 1980er Jahren erlangt. Die heute global verbreitete Erkenntnis, dass im Prozess der politischen Willensbildung zivilgesellschaftliche Elemente größeres Gewicht erhalten sollten, ist vor allem eine Folge der veränderten Funktionsbedingungen moderner Gesellschaften. Funktionale Differenzierung, Individualisierung und Wertepluralismus einerseits und zunehmend komplexer werdende Problemlagen andererseits führen zu eingeschränkten Handlungs- und Steuerungsmöglichkeiten des Staates. Gleichzeitig werden die erkennbaren – und trotz hoher staatlicher Regulierungsdichte bestehenden – Problemlösungsdefizite primär dem Staat bzw. der (Parteien-)Politik angelastet.

Modernisierung der Demokratie

Deswegen wird der Ruf nach einer »Modernisierung der Demokratie« (Zilleßen et al. 1993) und entsprechenden sozial-institutionellen Innovationen immer lauter. Im Vordergrund steht dabei eine Veränderung der gegenwärtig vor allem parlamentarisch-repräsentativ und parteipolitisch geprägten Entscheidungsprozesse. Die Reformperspektiven zielen primär in Richtung einer substanzielleren Einbindung der Akteure und stärkerer Konsensorientierung bei der Definition von Problemen und der Entwicklung von Lösungsstrategien. Hierzu werden sowohl eine neue Dialogkultur als auch die Stärkung selbstorganisatorischer Prozesse als notwendig erachtet.

Rolle der Nicht-regierungsorganisationen

Spätestens seit der Rio-Konferenz 1992 und dem Beginn des Rio-Folgeprozesses wird zivilgesellschaftlichen Akteuren und solchen Innovationen eine mit entscheidende Bedeutung für die Umsetzung einer nachhaltigen Entwicklung zugeschrieben. In den Kapiteln 23 bis 32 der Agenda 21 wird die Forderung einer Stärkung der Rolle verschiedenster gesellschaftlicher Gruppen substantiiert. In Kapitel 27 wird vor allem auf die Unabhängigkeit und Flexibilität von NGOs und ihre vielfältigen Erfahrungen und Fähigkeiten als wichtige Voraussetzung dafür verwiesen, in möglichst intensiver Kommunikation zwischen staatlichen, nicht-staatlichen, nationalen und internationalen Organisationen die in der Agenda festgeschriebenen Ziele erreichen zu können. Regierungen und internationale Gremien werden aufgefordert, die erforderlichen Mechanismen und Verfahren zu ermöglichen, damit die zivilgesellschaftlichen Akteure an den nationalen wie auch den globalen (»Global Governance«, vgl. Kap. 8.5) Steuerungs- und Entscheidungsprozessen teilhaben können.

Bedeutungswandel von NGOs

Seit dem Beginn bzw. der Intensivierung der umwelt- und entwicklungspolitischen Debatten in den 1970er Jahren ist eine Vielzahl von Gruppen und Organisationen entstanden, die sich meist in einem speziellen Themenfeld engagieren. Es handelte sich zunächst überwiegend um lokal begrenzt tätige Bürgerinitiativen in den Industriestaaten, die häufig den Charakter von Protest- und Widerstandsbewegungen hatten. Mittlerweile operieren viele Organisationen institutionalisiert in politischen Prozessen, national und international sowie in entsprechenden Netzwerken, auch mit den inzwischen in den Entwicklungsländern in großer Zahl existierenden Organisationen wie dem *Third World Network* mit Sitz in Malaysia oder dem *South Centre* mit Sitz in Genf und Tansania. Beispiele für NGOs im »Norden« sind etwa die Eine-Welt-Organisationen oder Ärzte ohne Grenzen zu Entwicklungs- und humanitären Fragen, Greenpeace oder BUND bzw. *Friends of the Earth* zu umweltpolitischen und umweltökonomischen Themen, oder Attac als derzeit größter Zusammenschluss von Globalisierungskritikern.

Positionen der Kirchen

Auch die Kirchen positionieren sich zum Leitbild der nachhaltigen Entwicklung und zu hierfür relevanten Themen. Auf der internationalen Ebene sind etwa die seit den achzigerer Jahren bestehenden Aktivitäten und Dokumente des ökumenischen Weltkirchenrats zu Themen wie Gerechtigkeit, Frieden und Bewahrung der Schöpfung zu nennen (www.wcc-coe.org). Darüber hinaus wurden in der 1993 veröffentlichten »Erklärung zum Weltethos« erstmals in der Geschichte der Religionen gemeinsame ethische Grundprinzipien als Grundlage für eine neue Weltordnung erarbeitet, die für die Menschen aller Religionen Gültigkeit beanspruchen (www.weltethos.org/st_3_d.htm). Schließlich wurde anlässlich der Johannesburg-Konferenz 2002 unter Mitwirkung der christlichen Kirchen die so genannte *Erd-Charta* als ethisches Grundgerüst einer nachhaltigen Entwicklung präsentiert, basierend auf den Grundsätzen Achtung vor dem Leben, ökologische Ganzheit, soziale und ökonomische Gerechtigkeit sowie Demokratie, Gewaltfreiheit und Frieden (www.earthcharter.org).

Auch in Deutschland beziehen die evangelische und die katholische Kirche Stellung in diesem Themenfeld, zum Teil in gemeinsamen Erklärungen. Eines der umfassendsten und öffentlichkeitswirksamsten Dokumente dieser Art stellt die Stellungnahme des Rates der Evangelischen Kirche Deutschlands und der Deutschen Bischofskonferenz »Für eine Zukunft in Solidarität und

Gerechtigkeit« dar (EKD/DBK 1997). Darin wurden die Problemfelder Arbeitslosigkeit, Armut oder ungleiche Lebensverhältnisse sowie die Frage notwendiger wirtschafts- und sozialpolitischer Reformen oder einer Neuformulierung des Generationenvertrags behandelt. Darüber hinaus haben beide Kirchen gemeinsame Stellungnahmen zu Themen wie der internationalen Verschuldung (EKD/DBK 1998) oder einer nachhaltigen Landwirtschaft (EKD/DBK 2003) verfasst.

Funktionen von NGOs

Die meisten NGOs oder zivilgesellschaftlichen Gruppen haben bislang zum einen die Funktion erfüllt, mehr Öffentlichkeit und Bewusstsein für bestimmte Themen oder Missstände herzustellen (so genannte »watchdog-Funktion«) (Baumann 2003). Gleichzeitig sind mittlerweile zumindest einige von ihnen auf nationaler wie internationaler Ebene ein Teil der Strukturen und Prozesse des Regierens geworden. Als Vertreter bestimmter Interessen sind sie bestrebt, Themen auf der politischen Agenda zu platzieren und Vorschläge für Verbesserungen oder Alternativen einzubringen (»advocacy-Funktion«). Die mit Abstand systematischsten und umfangreichsten formalen Mitwirkungsrechte werden NGOs im UN-System eingeräumt. Durch ihre zahlreiche und aktive Präsenz bei den verschiedenen UN-Weltkonferenzen und der Erarbeitung internationaler Regime zur Umsetzung bestimmter themenbezogener Ziele konnten sie hier durchaus signifikante Erfolge verbuchen. Die Entstehung und Umsetzung des Kyotoprotokolls oder der Waldkonvention, die internationale Kampagne zum Verbot von Landminen oder die Verhinderung des Multilateralen Investitionsabkommens (MAI) aufgrund der befürchteten nachteiligen Wirkungen für die ärmsten Staaten sind Beispiele hierfür. Vergleichbare Mitwirkungsmechanismen bestehen allerdings bislang weder auf EU-Ebene noch im Deutschen Bundestag. Weniger einflussreich sind die NGOs in den Entscheidungsprozessen der Weltbank, der

Welthandels-Organisation (WTO) oder des Internationalen Währungsfonds (IWF), die immerhin die weltwirtschaftlichen (und damit auch entwicklungspolitischen) Rahmenbedingungen wesentlich prägen.

Kritik an NGOs

Was die Beurteilung des Wirkens der Nichtregierungsorganisiationen anbelangt, wird einerseits der Begriff der »NGOisierung der Politik« – teils anerkennend, teils kritisierend im Sinne eines zu groß gewordenen Einflusses – verwendet (Altvater/Brunnengräber 2002). Andererseits wird ihre in der Regel deutlich geringere finanzielle Ausstattung etwa gegenüber Industrieinteressenvertretern häufig als Argument für ihren strukturell begrenzten Einfluss angeführt. Kritik sowie Schwächen werden auch an der fehlenden zumindest formalen Legitimation (etwa durch Wahlen) festgemacht, an internen Demokratiedefiziten, Intransparenz und einer wachsenden Entfernung von den Zielen der Basis gerade in großen Organisationen, an einer zu starken Fokussierung auf Einzelthemen und der Vertretung von Einzelinteressen, an der Gefahr der Vereinnahmung durch andere Akteure oder an zu weitgehender Kompromissbereitschaft.

Verantwortlichkeit von NGOs

Aus dieser Kritik werden allerdings unterschiedliche Folgerungen für die künftige Entwicklung abgeleitet. So wird von einigen eine Bewegung zurück zu den Wurzeln in Richtung einer reduzierten Institutionalisierung und einer offeneren und dezentraleren Form der sozialen Protestbewegung gefordert, wie etwa im Rahmen von Attac praktiziert. Andere richten den Fokus auf die Frage, wie die von Kofi Annan (2000) geforderte bessere Verknüpfung zwischen zivilgesellschaftlicher Partizipation und angemessener Verantwortlichkeit der einzelnen Gruppen umgesetzt werden kann. Zum Ausdruck kommt dies etwa in den Aktivitäten im Zusammenhang mit dem *Global Accountability Report*, in dem versucht wird, Kriterien für eine finanzielle und aktivitätsbezogene Rechenschaftslegung von NGOs zu finden (Kovach et al. 2003).

Zusammenfassung

Die Definition des Begriffs »nachhaltige Entwicklung« wie auch die Identifikation und Lösung von Nachhaltigkeitsproblemen können nur unter Beteiligung und im Zusammenwirken der verschiedenen Akteure gelingen, die die Gesellschaft und ihre Entwicklung ausmachen und bestimmen. Sie sind die Handelnden und damit verantwortlich sowohl für das Entstehen von Problemen als auch für das Gelingen (oder das Scheitern) der notwendigen gesellschaftlichen Transformationsprozesse. Akteure können sowohl Individuen als auch kollektiv handelnde Gruppen sein, staatliche und nicht-staatliche, institutionalisierte und nicht-institutionalisierte. Traditionell wird hier unterschieden zwischen dem Staat und seinen Institutionen, der Politik, Unternehmen, privaten Haushalten und Konsumenten, zivilgesellschaftlichen Akteuren wie Umwelt-, Verbraucher- oder Sozialverbänden, Kirchen, Wissenschaft und den Medien. Für nachhaltige Entwicklung sind angesichts der Heterogenität der Akteure deren Koordination und Verständigung auf gemeinsame Ziele und Regeln von besonderer Bedeutung.

8. Politische Umsetzungsebenen

Die lokale Ebene wird anhand der Praxis »Lokaler Agenda 21-Initiativen« charakterisiert, die nationale Ebene am Beispiel der deutschen Nachhaltigkeitsstrategie, die EU wird als Beispiel für die inter- bzw. supranationale Ebene und das System der Vereinten Nationen für die globale Ebene beschrieben. Entscheidend ist dabei der Hinweis, dass diese Ebenen aufgrund ihrer vielfältigen Wechselwirkungs- und Abhängigkeitsbeziehungen stets gemeinsam betrachtet werden müssen. Das heißt, eine auf nachhaltige Entwicklung zielende Politik erfordert neben der Integration der inhaltlichen Dimensionen auch eine räumliche Integration. Dieser Grundsatz stellt einen Kern des Konzepts »Global Governance« dar.

8.1 Lokale Agenda 21-Initiativen

Die Bedeutung der lokalen Ebene macht sich insbesondere an zwei Punkten fest: Zum einen werden aufgrund der Bevölkerungsdichte und der hohen Nutzungsintensitäten viele Nachhaltigkeitsprobleme in erheblichem Maße durch Aktivitäten in Städten verursacht und treten dort besonders konzentriert auf. Deswegen wurde in Kapitel 28 der Agenda 21 den Kommunen für die Lösung dieser Probleme eine wichtige Bedeutung beigemessen. Hinzu kommt, dass sie für den Bau und Unterhalt wichtiger Infrastrukturen zuständig sind und dass sie in vielen Ländern weitreichende planungsrechtliche Kompetenzen besitzen. Zum anderen stellen sie die Verwaltungsebene dar, die den Bürgern am nächsten ist. Dies birgt entsprechende Sensibilisierungs- und Mobilisierungspotenziale für Nachhaltigkeitsfragen und bietet vergleichsweise gute Voraussetzungen dafür, die relevanten Akteure und Betroffenen in die notwendigen Lern- und Entscheidungsprozesse einbeziehen zu können.

Lokal denken – global handeln

Bis heute besteht somit ein wichtiges Element des Rio-Folgeprozesses darin, gemäß dem Motto »global denken – lokal handeln« lokale Agenda 21-Initiativen aufzubauen. Hierzu wurden auch verschiedene internationale Programme eingerichtet, um die Kommunen auf diesem Weg zu unterstützen. Beispiele sind das *Sustainable Cities Programme* des UN Centre for Human Settlements (UNCHS) und des UNEP, Projekte des UNDP oder die *Local Agenda 21 Initiative* des International Council for Local Environmental Initiatives (ICLEI). In Europa haben die 1994 von rund 600 Städten und Gemeinden unterzeichnete Aalborg-Charta (zur Charta und zur Unterzeichnerliste siehe www6.iclei.org) und die sich daran anschließenden Aktivitäten und Kampagnen wesentlich zur Verbreitung der Initiativen und der Vernetzung der einzelnen Akteure beigetragen.

In vielen Staaten, auch in Deutschland, haben Kommunen den Impuls der Rio-Konferenz eher aufgegriffen als Bundes- oder Landesregierungen. Weltweit hatten sich bis 2003 6.400 Kommunen in 113 Staaten auf eine lokale Agenda 21 verpflichtet, die meisten davon in Europa (ICLEI 2003). Deutschland liegt mit 2.600 Kommunen (von insgesamt 13.000 existierenden) im Jahr 2005 zwar absolut gesehen an der Spitze (Agenda Transfer 2005), mit der nationalen Quote von 20 Prozent jedoch weit hinter Ländern wie Großbritannien (90 Prozent) oder Schweden (100 Prozent) (UNCSD 2002). Mittlerweile werden in Deutschland auch immer wieder Initiativen aus verschiedenen Gründen eingestellt. Vor dem Hintergrund des 1992 formulierten Ziels, dass innerhalb von fünf Jahren die Mehrzahl der Kommunen einen Agenda-Konsens erzielt haben sollte, werden die auch in Deutschland hier noch bestehenden Defizite deutlich.

Ziele der Initiativen

Ziel solcher Initiativen ist es, einen Aktionsplan zu erarbeiten und umzusetzen, mit dem Kommunen einen Beitrag zur Erreichung einer global nachhaltigen Entwicklung leisten können. Dieser Prozess sollte vor allem durch drei charakteristische Elemente gekennzeichnet sein (BMU/UBA 1998): *erstens* die Erarbeitung von Leitbildern, grundlegenden ökologischen, ökonomischen und sozialen Zielen und einem daran orientierten Handlungskonzept, *zweitens* eine vor allem auf Diskurs und Konsens zwischen Verwaltung und involvierten Akteuren bzw. Bürgern basierende politische Kultur, und *drittens* die systematische Umsetzung in einem stufenweisen Planungsprozess unter den Kriterien Verbindlichkeit und Messbarkeit. Angesichts einer solchen sowohl Akteure als auch Themen integrierenden und neue Formen der Bürgerbeteiligung und des kooperativen Handelns verwendenden Vorgehensweise werden diese Prozesse verschiedentlich als neuer und innovativer Politiktypus charakterisiert (Brand/Fürst 2002).

Praktische Probleme

In der bisherigen Praxis zeigt sich jedoch ein differenziertes Bild (Gehrlein 2004, ICLEI 2003, UNCSD 2002). Einerseits wird positiv diagnostiziert, dass neben einem generell geschärften öffentlichen Bewusstsein Verbesserungen vor allem in den Bereichen Klimaschutz, Ressourcen- und Abfallmanagement, Luftqualität und Gesundheit erzielt werden konnten. Andererseits ist festzustellen, dass noch in knapp der Hälfte der Kommunen der Agenda-Fokus auf die ökologische Dimension gerichtet ist und nur in einem Drittel der Fälle ein umfassenderes Nachhaltigkeitsverständnis zugrunde liegt. Kritisch angemerkt werden auch mangelnde Kooperation zwischen den verschiedenen Verwaltungsbereichen, Defizite beim Kriterium Messbarkeit oder das Ausblenden wichtiger oder besonders konfliktträchtiger Themen wie kommunale Finanzen, demografischer Wandel oder Risiken und Chancen von Liberalisierungs- und Deregulierungsprozessen. Als hinderliche Barrieren erweisen sich schließlich auch mangelnde finanzielle Ressourcen, geringes Engagement nationaler Regierungen, begrenzte Legitimitäten, divergierende Interessen, Finanz- und Machtkonzentrationen, nachlassendes Interesse der Bürger oder auch bestehende Produktions- und Konsummuster.

Vor diesem Hintergrund werden geeignete Ansatzpunkte für Verbesserungen in einer Stärkung der Kommunalverwaltungen hinsichtlich legislativer Befugnisse und Ressourcenzugriff, in einer besser institutionalisierten Kooperation zwischen den Verwaltungseinheiten oder in systematischeren Evaluationsmechanismen und verbessertem Qualitätsmanagement gesehen.

8.2 Nationale Nachhaltigkeitsstrategien: Das Beispiel Deutschland

Viele aktuelle Nachhaltigkeitsprobleme betreffen eine Vielzahl von Ländern, nicht selten bestehen grenzüberschreitende Ursache-Wirkung-Beziehungen. Problemlösungen bedürfen daher auch der Kooperation zwischen Staaten, wenngleich der hierzu notwendige Strukturwandel in den Zuständigkeitsbereich nationaler Regierungen fällt. Tiefgreifende Reformen des Steuer- und Abgabensystems oder der sozialen Sicherungssysteme sind Beispiele hierfür. Trotz der immer wieder beklagten, vor allem globalisierungsbedingten Einschränkungen nationalstaatlicher Handlungsmöglichkeiten bleiben daher nationale Strategien eine unerlässliche Voraussetzung für Transformationsprozesse in Richtung einer nachhaltigen Entwicklung.

Deswegen enthält Kapitel 8 der Agenda 21 die Empfehlung an die Staaten, nationale Nachhaltigkeitsstrategien zu erarbeiten. Solche Strategien werden als beste Möglichkeit gesehen, das Nachhaltigkeitsleitbild in die verschiedenen sektoral strukturierten Politikbereiche, die Planungs- und die Managementebene einfließen zu lassen und diese dadurch optimieren und harmonisieren zu können. Hierzu sollen in einem partizipativen Prozess konkrete Ziele formuliert, Kapazitätsengpässe und Hemmnisfaktoren ermittelt, Strategien festgelegt und kontinuierliche Monitoring-Mechanismen installiert werden (OECD 2001a). Nach zunächst nur schleppenden diesbezüglichen Aktivitäten der Staaten wurde 1997 im Rahmen der »Rio+5«-Konferenz der Vereinten Nationen die Johannesburg-Konferenz 2002 als Frist für die Vorlage solcher Strategien gesetzt.

Bisherige Praxis

Bislang haben die meisten OECD-Staaten Nachhaltigkeitspläne bzw. -strategien vorgelegt, weltweit trifft dies jedoch für weniger als die Hälfte der Staaten zu. Dabei unterscheiden sich die existierenden Dokumente zum Teil in den zugrunde liegenden Interpretationen des Nachhaltigkeitsleitbilds, dem Entstehungsprozess, den verwendeten Indikatoren und dafür formulierten Zielen, den gesetzten Problem- und Handlungsschwerpunkten, den strategischen Kernelementen oder der Form und Intensität von Evaluierungsmaßnahmen (vgl. EC 2004, EEAC 2005, Göll/Thio 2004). In einigen Staaten war dieser Prozess begleitet von institutionellen Innovationen wie etwa der Bildung interministerieller Ausschüsse oder der Einsetzung eines Nachhaltigkeitsrats (so auch in Deutschland) oder vergleichbarer Beratungsgremien. Trotz solcher Innovationen und der durchaus erkennbaren Fortschritte stehen die meisten Staaten jedoch noch am Anfang eines Weges in Richtung einer strategischen, zielorientierten Nachhaltigkeitspolitik.

Während einige »early-mover« wie die Niederlande,

Deutsche Nachhaltigkeitsstrategie

die skandinavischen Staaten oder auch Costa Rica bereits Mitte der neunziger Jahre Strategien erarbeitet hatten, gehört Deutschland zu den »Nachzüglern«, die dies erst anlässlich der Johannesburg-Konferenz taten (Bundesregierung 2002). Eine Beurteilung dieser Strategie fällt differenziert aus (Kopfmüller/Luks 2003/2004). Prinzipiell positiv zu bewerten ist, dass hier ein integratives konzeptionelles Gerüst zugrunde gelegt wurde, das nicht von den einzelnen Dimensionen, sondern von vier querschnitthaften Prinzipien nachhaltiger Entwicklung ausgeht: Generationengerechtigkeit, Lebensqualität, sozialer Zusammenhalt und internationale Verantwortung. Diese werden durch eine breite Palette von 21 Themenbereichen konkretisiert. Für Generationengerechtigkeit sind es Ressourcenschonung, erneuerbare Energien, Flächeninanspruchnahme, Staatsverschuldung, wirtschaftliche Zukunftsvorsorge oder Bildung. Zu begrüßen ist ebenfalls, dass diesen Themenbereichen 25 Indikatoren zugeordnet wurden, für die in den meisten Fällen quantitative (und zum Teil ambitionierte, wie im Fall des Flächenverbrauchs) Zielwerte für 2020 formuliert wurden. Dieses Maß an Konkretisierung unterscheidet die deutsche Strategie von der Praxis vieler anderer Staaten.

Positiv zu werten ist schließlich auch der mit den im zweijährlichen Turnus geplanten Fortschrittsberichten eingeschlagene Weg in Richtung Monitoring und Evaluierung. 2004 erschien erstmals ein solcher Fortschrittsbericht (Bundesregierung 2004a) mit Informationen zur Entwicklung der ausgewählten Indikatoren sowie zum Stand der Umsetzung geplanter Maßnahmen in den genannten Schwerpunktthemen.

Kritik

Kritisch zu sehen ist dagegen, dass in der Strategie der intergenerativen Gerechtigkeit deutliche Priorität gegenüber der intragenerativen Perspektive eingeräumt wird, oder dass wichtige Themen wie Einkommensverteilung oder Armut in Deutschland weitgehend ausgeblendet bleiben. Weiterhin wird die Wachstumsthematik primär als Element der Problem*lösung* und daher zu undifferenziert behandelt. Gleichzeitig liegt dem Dokument an vielen Stellen eine zu optimistische Sicht zugrunde, was die Zielsetzung, die Möglichkeiten einer »Entkopplung« zwischen Wirtschaftsleistung und Umweltverbrauch durch Effizienzstrategien anbelangt (vgl. Kap. 5.3). Dem entsprechend ist die Auswahl von Indikatoren wie Bruttoinlandsprodukt, Rohstoffproduktivität oder Transportintensität problematisch. Auch einige Zielwerte, etwa für die Indikatoren »Treibhausgasemissionen« oder »Anteil der Mittel für Entwicklungszusammenarbeit am BIP«, halten aufgrund ihrer wenig ambitionierten Größenordnung einem kritischen Blick nicht Stand. Ein weiteres Defizit der Strategie ist darin zu sehen, dass sie, wie auch der Fortschrittsbericht, nur unzureichende Aussagen zu der Frage enthält, mit welchen zwischen den verschiedenen Themenfeldern koordinierten Handlungsstrategien die gesetzten Ziele erreicht und wie die für bestimmte Maßnahmen erforderlichen Finanzmittel aufgebracht werden sollen. Kurz: Eine wirklich integrative Handlungsstrategie ist nicht zu erkennen.

Bei allem Augenmerk, das dieser Strategie zu Recht gewidmet wird, bleibt die letztlich entscheidende Frage, inwieweit sich die reale Politik in ihren Entscheidungen an der Strategie orientiert, das heißt, welchen Grad an Verbindlichkeit diese besitzt. Trotz einiger begrüßenswerter Ansätze etwa in den Bereichen erneuerbarer Energien oder Familien- und Rentenpolitik sind hier bislang noch erhebliche Defizite festzustellen. Beispielsweise weist die im März 2003 von der damaligen Bundesregierung verkündete »Agenda 2010« nur wenige konkrete Bezugspunkte zu der im Jahr davor vorgelegten Nachhaltigkeitsstrategie auf. Ändert sich daran nichts, muss eine solche Strategie zwangsläufig zu einem zwar stattlichen, aber zahnlosen Tiger degenerieren.

8.3 Die Europäische Union

Mit ihren derzeit 25 Mitgliedstaaten, 450 Millionen Menschen und einer Wirtschaftsleistung von rund 11.000 Milliarden Euro (was einem guten Drittel des weltweiten BIP entspricht) stellt die Europäische Gemeinschaft einen erheblichen und stetig an Bedeutung gewinnenden politischen und wirtschaftlichen Faktor im globalen Entwicklungsprozess und damit auch für die Umsetzung einer nachhaltigen Entwicklung dar. Gerade angesichts der vielfältigen wechselseitigen Beeinflussungen zwischen nationaler, lokaler und EU-Ebene ist es unerlässlich, dass nicht nur in den einzelnen Mitgliedstaaten, sondern auch auf der Ebene der Institution der EU eine Nachhaltigkeitsstrategie existiert.

Cardiff-Prozess

Anlässlich der »Rio+5-Konferenz« in New York 1997 verpflichtete sich die EU zur Ausarbeitung einer solchen Strategie. Dabei stellt der im Juni 1997 unterzeichnete und im Mai 1999 in Kraft getretene neue Amsterdamer Vertrag über eine Europäische Gemeinschaft den eigentlichen Ausgangspunkt für die Etablierung der Nachhaltigkeitsthematik auf EU-Ebene dar. Er enthält zwei wesentliche Veränderungen gegenüber dem alten Vertrag: Zum einen wurden in dem die Ziele der Gemeinschaft beschreibenden Artikel 2 die ökonomischen, sozialen und institutionellen Ziele (wie Währungsunion) um die ökologische Dimension ergänzt, mit der Grundorientierung einer »harmonischen, ausgewogenen und nachhaltigen Entwicklung«. Zum anderen wurde in Artikel 6 das »Prinzip der Integration« angelegt, wonach Umweltaspekte im Sinne einer »Querschnittsklausel« nicht mehr separat, sondern integriert in allen anderen Sektoren wie Landwirtschaft, Energie oder Verkehr behandelt werden sollen. Die von der EU-Kommission 1998 vorgelegten Leitlinien zur Durchführung dieser Integration begründeten den Beginn des so genannten »Cardiff-Prozesses«.

Lissabon-Strategie

Daneben existieren mit den seit 1972 bestehenden Umweltaktionsprogrammen und der so genannten »Lissabon-Strategie« zwei weitere für das Handeln der EU zentrale strategische Orientierungen. Im derzeitigen, von 2001 bis 2010 gültigen 6. Aktionsprogramm steht das Ziel einer Entkopplung zwischen Wirtschaftswachstum und Umweltwirkungen im Mittelpunkt. Die im Jahr 2000 entworfene Lissabon-Strategie »für Beschäftigung, Wirtschaftsreform und sozialen Zusammenhalt« stellt das politische Basisprogramm der EU dar. Darin formulierte der Europäische Rat, bestehend aus den Staats- und Regierungschefs und den Außenministern der Mitgliedstaaten sowie dem Kommissionspräsidenten, das Ziel, die Union bis 2010 zum weltweit wettbewerbsfähigsten und dynamischsten Wirtschaftsraum zu machen (EC 2005).

Vor diesem Hintergrund legte die Europäische Kommission 2001 die EU-Nachhaltigkeitsstrategie anlässlich des Gipfels des Europäischen Rats in Göteborg vor (EC 2001). Die darin identifizierten sechs Schlüsselbereiche leiten sich aus den als größte Gefahren für eine nachhaltige Entwicklung eingeschätzten Phänomenen ab: Klimawandel, Gesundheitsgefährdungen, Armut und soziale Ausgrenzung, Überalterung der Bevölkerung, Ressourcenknappheit sowie Verkehrsüberlastung und ungleiche Regionalentwicklung. Mit Blick auf die Umsetzung wird in der Strategie unter anderem auf die Notwendigkeit klarer langfristiger Zielwerte, wirksamer Maßnahmen wie der Setzung von Preissignalen, verstärkter Investitionen in Wissenschaft und Technik oder einer verbesserten Kommunikation mit den Bürgern hingewiesen.

Kritik

Weitgehend im Konsens wird die Existenz der Strategie und die Tatsache positiv gewertet, dass einige konkrete Ziele formuliert und Maßnahmen im Bereich Energiesteuern oder der Verkehrsverlagerung von der Straße auf Schiene und Wasser vorgeschlagen wurden. Angesichts der für Ende 2005 vorgesehenen Überarbeitung der Strategie wurde 2004 ein breiter öffentlicher Konsultationsprozess durchgeführt. Die dort und auch an anderen Stellen geäußerte Kritik an der Strategie und an der Umsetzung des Nachhaltigkeitsleitbilds auf EU-Ebene macht sich an strukturellen und inhaltlichen Punkten fest (vgl. Bundesregierung 2004b, EU-Kommission 2004, Hinterberger/Zacherl 2003, Zieschank 2005). Nahezu unisono herausgestellt wird dabei die Heterogenität und nur partielle Abstimmung zwischen den Komponenten Nachhaltigkeitsstrategie, Lissabon-Strategie und Cardiff-Prozess. Teilweise ergänzen diese sich, einige Aspekte sind deckungsgleich, aber an einigen Stellen bestehen unterschiedliche Prioritäten und Akzentuierungen, die der Klärung bedürfen.

So entsteht beispielsweise angesichts der Konfliktlinie zwischen dem in der Lissabon-Strategie dominierenden Wachstumsziel und den umweltbezogenen Zielen in den anderen beiden Strategien sowie angesichts der faktischen Politik der Eindruck, dass es bislang kaum gelungen ist, mit der Nachhaltigkeitsstrategie eine Relativierung der ökonomischen Prioritäten der Lissabon-Strategie zu bewirken. Kritisch bewertet werden des Weiteren eine mangelnde Verknüpfung mit den nationalen Institutionen und Strategien der Mitgliedsstaaten, die häufig fehlenden längerfristigen Zielperspektiven, die unzureichende Einbeziehung anderer EU-Institutionen oder die mangelnden Evaluierungs- und Monitoring-Mechanismen.

Was müsste geändert werden?

Mit Blick auf die anstehende Überarbeitung der Strategie sowie die künftige Gestaltung des gesamten Prozesses werden in der Debatte verschiedene Forderungen gestellt. Sie beziehen sich auf ambitioniertere Ziele, klarere Kompetenz- und Aufgabenverteilungen zwischen nationaler und EU-Ebene, größere Kohärenz zwischen den einzelnen Politikbereichen, vermehrt zielgerichtete Maßnahmen wie Abbau kontraproduktiver Subventionen, verbindlichere Evaluierungssysteme oder bessere öffentliche Kommunikation. Daneben werden zwei weitere Aspekte in den Vordergrund gerückt: zum einen eine stärkere und systematische Fokussierung auf die Chancen und Risiken der bereits vollzogenen und der möglichen Erweiterungen der Gemeinschaft für die Realisierung einer nachhaltigen Entwicklung, sowohl für die Gemeinschaft insgesamt als auch für die neuen Staaten (Nill 2003, Zellei 2003). Zum anderen wird auf die Notwendigkeit hingewiesen, das Nachhaltigkeitsleitbild und insbesondere die Themen Umweltschutz, Armutsbekämpfung und Entwicklungszusammenarbeit präziser und systematischer in den Text der geplanten europäischen Verfassung zu integrieren, als dies in dem bisher vorliegenden und in einigen Staaten abgelehnten Entwurf der Fall war.

8.4 Die Vereinten Nationen

Wichtige Organisationen

Wie oben bereits angesprochen, kommt den Vereinten Nationen entscheidende Bedeutung für die Definition und Umsetzung des Nachhaltigkeitsleitbilds zu. Seit ihrer Entstehung vor rund sechzig Jahren haben die Vereinten Nationen nach und nach ein umfangreiches System von Organisationen und Programmen zu den unterschiedlichsten Themenfeldern geschaffen: Umwelt (UNEP), Entwicklungsfragen (UNDP), Bildung und Wissenschaft (UNESCO), Siedlungsfragen (HABITAT), Flüchtlingsprobleme (UNHCR), internationaler Handel (UNCTAD), Industrieentwicklung (UNIDO), Ernährung und Landwirtschaft (FAO), Gesundheit (WHO) oder auch Zivilluftfahrt (ICAO). In praktisch allen diesen Einrichtungen spielt das Nachhaltigkeitsleitbild mittlerweile eine mehr oder weniger zentrale Rolle.

Eine koordinierende und federführende Funktion

Commission on Sustainable Development

kommt dabei der Commission on Sustainable Development (CSD) zu. Sie war in der Folge der Rio-Konferenz 1992 als so genanntes »High-Level-Forum« eingerichtet worden und setzt sich aus 53 durch den UN Economic and Social Council (ECOSOC) gewählten Mitgliedern aus 53 Staaten zusammen. Ihre Aufgabe besteht in der Förderung und Evaluierung der Konkretisierung und Umsetzung der Agenda 21 und der Rio-Deklaration in den einzelnen Staaten. Dies setzt sich seit drei Jahren fort in der Aufgabe, Umsetzungsleitlinien und -optionen für den *Johannesburg Plan of Implementation* zu erarbeiten und hierzu den Dialog mit Regierungen und zivilgesellschaftlichen Gruppen zu organisieren. In der aktuellen Sitzungsperiode der Kommission stehen die Themenfelder Energie, Klima, Luftverschmutzung und industrielle Entwicklung im Mittelpunkt.

UN-Konventionen

Die erkennbarsten Beispiele für das Wirken der Vereinten Nationen und seine Verbindlichkeit stellen die verschiedenen Konventionen dar, die in den UN-Gremien zwischen den Staaten ausgehandelt und im Falle ihrer nationalen Ratifizierung in nationales Recht umgesetzt werden können. Bislang wurden eine ganze Reihe solcher Konventionen verabschiedet – die ersten bereits lange vor Einsetzen der Nachhaltigkeitsdebatte –, die teils direkten, teils indirekten Bezug zur Nachhaltigkeitsthematik aufweisen. Sie betreffen Themen wie Menschenrechte, Kinderrechte, Schutz des geistigen Eigentums, kulturelles Erbe, Einsatz biologischer Waffen oder Terrorismusbekämpfung. Besondere Bedeutung in der umweltpolitischen Debatte erlangten die anlässlich der Rio-Konferenz verabschiedeten und mittlerweile ratifizierten Konventionen zum Schutz des Klimas und zum Erhalt der Biodiversität. Trotz der vielfältigen Probleme bei der Ratifizierung, der Umsetzung in so genannte Protokolle und deren Einbindung in die Politik, gelten sie als vergleichsweise gelungene Beispiele für das Bemühen um gemeinsame Lösungen der Staatengemeinschaft für globale Probleme.

UN-Konferenzen

Ein weiteres wichtiges Element stellen die großen internationalen UN-Konferenzen dar. Bezogen auf Themen wie Bevölkerungsentwicklung, Frauen, Soziales, Siedlungsentwicklung, Entwicklungsfinanzierung oder Informationsgesellschaft war hier jeweils das Ziel, den Stand der Dinge zu bilanzieren, Problemprioritäten zu benennen und geeignete Lösungsstrategien auf den Weg zu bringen. Die auf diesen Konferenzen verabschiedeten Dokumente stellen wichtige Bezugspunkte für alle Ebenen gesellschaftlichen und politischen Handelns dar.

UN-Millenniumsziele

Dennoch musste UN-Generalsekretär Annan in seinem Millenniumreport des Jahres 2000 (www.un.org/millennium/sg/report) für weite Teile der Welt eine erschreckende Bilanz einer Entwicklung ziehen, die in einigen Bereichen weit von den existierenden Zielorientierungen entfernt ist. Auch nach rund 30 Jahren internationaler Entwicklungspolitik lautet die Diagnose, dass für hunderte von Millionen Menschen die Erfüllung grundlegendster Bedürfnisse nicht gewährleistet ist. Vor diesem Hintergrund verfasste das UN-Sekretariat eine Millenniumerklärung (www.runiceurope.org/german/sg/millennium/millenniumerklaerung.pdf), auf deren Grundlage sich UN, OECD, Weltbank und IWF auf die so genannten Millenniumsziele einigten (www.runiceurope.org/german/mdg/index.html). Hierin wurden für 2015 anspruchsvolle Zielwerte für die dringlichsten globalen Problembereiche formuliert: so die Halbierung der Anzahl in extremer Armut lebender bzw. Hunger leidender Menschen, die Reduzierung der Sterblichkeitsrate von Kindern unter fünf Jahren um zwei Drittel, eine abgeschlossene Grundschulbildung für alle Kinder oder die Halbierung des Bevölkerungsanteils ohne Zugang zu sauberem Trinkwasser. Zur Erreichung dieser globalen Ziele bedarf es angemessener Strategien und vielfältiger, nicht zuletzt finanzieller Anstrengungen sowohl der betroffenen, meist Entwicklungsländer als auch der Industriestaaten.

Finanzielle Herausforderungen

Im jüngsten Bericht zum Stand der Umsetzung dieser Ziele wird deutlich, dass bislang in einigen Bereichen und einigen Ländern durchaus Erfolge erzielt werden konnten, jedoch in den meisten Problemfeldern noch erhebliche Handlungsdefizite bestehen (UN 2005). Im Vorfeld der »Millennium+5«-Konferenz 2005 wurden beispielsweise Schätzungen zu den Finanzierungsdefiziten vorgelegt. Danach müssten, um die Ziele erreichen zu können, die derzeitigen jährlichen Mittel der Industriestaaten für Entwicklungszusammenarbeit bis 2006 auf rund 130 Milliarden US-Dollar verdoppelt und bis 2015 auf rund 200 Milliarden Dollar erhöht werden (MillenniumProject 2005). Dies würde einer Steigerung des Anteils der Mittel am BIP der Geberländer von derzeit 0,25 Prozent auf ungefähr 0,44 Prozent bzw. 0,54 Prozent entsprechen. Dabei sind sich die meisten Experten einig, dass zum einen ein Verfehlen der Ziele sowohl Naturüberlastungs- als auch internationale und nationale Sicherheitsrisiken erhöhen sowie eine Legitimationskrise der internationalen Entwicklungszusammenarbeit und auch des UN-Systems verursachen würde (MillenniumProject 2005, RNE 2005).

Un-Reformen

Im Zusammenhang mit der Formulierung und Realisierung der Millenniumsziele erhielt auch die seit einigen Jahren laufende Debatte um notwendige UN-Reformen eine schärfere Kontur. Mit der Zielsetzung, eine effektivere, effizientere und an die gegenwärtigen Herausforderungen besser angepasste multilateral tätige Institution zu werden, stehen hier inhaltliche, organisatorische und strukturelle Themen auf der Tagesordnung. Es geht dabei zum Beispiel um eine Stärkung der Institution Vollversammlung etwa durch eine Fokussierung ihrer Agenda, die Frage weiterer thematischer Prioritätensetzungen, mehr Kohärenz zwischen den einzelnen Abteilungen und Programmen, eine verbesserte Abstimmung zwischen Sicherheitsrat und Wirtschafts- und Sozialrat, eine Reform der Entscheidungsprozesse im Sicherheitsrat, eine erhöhte interne und externe Informations- und Entscheidungstransparenz oder auch eine verbesserte

Innen- und Außenkommunikation (Annan 2005 und 2002, Martens 2005). Manche Punkte der Reform-Agenda konnten bereits umgesetzt werden, in vielen Fällen besteht jedoch noch Handlungsbedarf.

All dies geschieht auch in der mittelfristigen Perspektive des Jahres 2015, in dem die abschließende Wertung zum Stand der Millenniumsziele ansteht und des Jahres 2017 mit der geplanten »Rio+25«-Konferenz, bei der eine Gesamtbeurteilung zum Stand der Erreichung der Ziele der Agenda 21 vorgenommen werden soll.

8.5 Das Modell »Global Governance«

Es besteht weitgehender Konsens dahingehend, dass die Umsetzung nachhaltiger Entwicklung tiefgreifende Veränderungen bisheriger Entwicklungsprozesse und hierfür steuernde Eingriffe erfordern wird, wie sie bislang primär dem Aufgabenbereich staatlicher Politik zugewiesen wurden. Gleichzeitig haben die thematische, räumliche und akteursbezogene Komplexität und Vieldimensionalität von Entwicklungsprozessen und Nachhaltigkeitsproblemen sowie Globalisierungs- und Technisierungsprozesse die Zweifel daran genährt, ob das politisch-administrative System bzw. »der Staat« überhaupt in der Lage ist, diese Steuerungsleistung alleine zu erbringen.

Governance

Deswegen rückten in den 1990er Jahren unter dem Begriff »Governance« vor allem aus der politikwissenschaftlichen Debatte der USA stammende neue Steuerungsansätze in den Mittelpunkt, mit denen diesen Bedingungen besser Rechnung getragen werden soll. In bewusster Unterscheidung zum Begriff »Government« (Regierung) umfasst Governance die Gesamtheit der Mechanismen zur Handhabung gesellschaftlicher Angelegenheiten, das heißt formelle und informelle sowie staatliche und zivilgesellschaftliche Institutionen und Regelungen (Nischwitz et al. 2001, Rammel et al. 2004, UN Commission on Global Governance 1995). Primäre Zielsetzung ist die Neugestaltung der Interaktion zwischen Staat, Wirtschaft und Zivilgesellschaft. Die Erarbeitung gemeinsamer Entwicklungsleitbilder zählt ebenso hierzu wie die Abkehr von einer statisch-hierarchischen Steuerung und stärkere Hinwendung zu einem dynamischen, zielorientierten Initiieren von Entwicklungen. Transparenz, Partizipation und Machtausgleich werden als Kernelemente einer solchen Governance genannt, um letztlich die Resonanzfähigkeit der Gesellschaft, also ihre Fähigkeit zu angemessener Reaktion auf bestehende Probleme, zu erhöhen.

Ziele des Global-Governance-Konzepts

Das Konzept »Global Governance« stellt eine Weiterentwicklung dieses Ansatzes dar. Mit ihm verbindet sich der Versuch, angesichts der erkennbaren politischen Steuerungsdefizite die vielfältigen globalen Probleme und die Phänomene des globalen Wandels beherrschbar(er) zu machen und die Globalisierungsprozesse vor dem Hintergrund des Nachhaltigkeitsleitbilds zu gestalten. Mitunter wird im Deutschen hierfür der Begriff der globalen Struktur- und Ordnungspolitik verwendet. Ziel ist die Wiedergewinnung staatlicher Handlungsfähigkeit und die bessere Erfüllung des staatlichen Gestaltungsauftrags. Sie soll durch eine Transformation nationalstaatlicher Politik erreicht werden, eingebettet in ein neues Mehr-Ebenen-Politikmodell kooperativer globaler Steuerung (Messner 2003). Idealtypisch interagieren darin staatliche mit nichtstaatlichen Akteuren auf globaler, nationaler und lokaler Ebene mit Hilfe verschiedenster formeller und informeller Politikmechanismen. Man könnte hier auch von horizontalen und vertikalen Netzwerkgesellschaften sprechen, in denen sich markt-, netzwerk- und hierarchiebasierte Steuerungsmuster ergänzen, in denen aber der

Staat auch aufgrund seines Gewaltmonopols zentraler Akteur bleibt (Enquete-Kommission »Globalisierung der Weltwirtschaft« 2002).

Kontroverse Rezeption

Was die Rezeption des Konzepts anbelangt, sind zwei Phänomene bedeutsam. Einerseits werden seine Rolle und Praktikabilität noch relativ kontrovers diskutiert. Die Protagonisten begründen die Notwendigkeit des Konzepts vor allem mit dem steigenden Problemdruck und den wachsenden Folgekosten einer handlungseingeschränkten Politik. Demgegenüber bemängeln die Kritiker ein idealisierendes, die realen Triebkräfte, Strukturen und weltwirtschaftlichen bzw. weltpolitischen Machtverhältnisse ungenügend reflektierendes Vorgehen, zu erwartende Transparenz-, Demokratie- und Legitimitätsdefizite, ungeklärte Fragen der Problem- und Konfliktbehandlung sowie eine bislang nur schemenhaft erkennbare globale Zielorientierung im Sinne eines »Weltethos« (Brand et. al. 2000, Brock 1998, Nuscheler 2000). Andererseits existieren in der Praxis bereits verschiedenste Elemente einer Global Governance. International ausgehandelte Regime wie etwa zur Klimaproblematik sind ebenso dazu zu zählen wie die zahlreichen nationalen und transnationalen Kommissionen, Organisationen und Netzwerke zu verschiedensten Themen oder auch die Aktivitäten auf supranationaler Ebene im Rahmen der Vereinten Nationen oder der EU. Darüber hinaus können die oben erwähnten Millenniumsziele zumindest als ein Element einer globalen politisch-strategischen Zielorientierung gesehen werden.

Institutionelle Innovationen

Defizite und Handlungserfordernisse bestehen bei diesem Konzept insbesondere noch in zweierlei Hinsicht. Die entscheidende Herausforderung wird in einer besseren Koordination und Integration der einzelnen Elemente zu einem möglichst konsistenten und kohärenten Gesamtsystem bestehen. Hierzu wird zum einen die Frage entscheidend sein, welche institutionellen Innovationen erforderlich sind und wie diese umsetzbar sein werden. In diesem Zusammenhang werden Faktoren wie die Reform der Vereinten Nationen, die Stärkung rechtstaatlicher Elemente auf internationaler und nationaler Ebene, die Entwicklung weiterer internationaler Regime zu bestimmten Problemfeldern sowie generell eine angemessenere Integration der Entwicklungsländer in Entscheidungsprozesse von zentraler Bedeutung sein. Ein wichtiger Beitrag von Seiten der Wissenschaften könnte hier in einer stärkeren Verknüpfung zwischen der Global Governance-Forschung und der seit einigen Jahren laufenden Forschung zum Globalen Wandel sowie der Nachhaltigkeitsforschung liegen. Zum anderen wird es darum gehen, bereits existierende Elemente der globalen (Wirtschafts-) Ordnung wie die Welthandelsordnung oder die internationale Finanzarchitektur an die veränderten Bedingungen anzupassen und neue wie eine Weltsozial- oder Weltumweltordnung zu errichten.

Zusammenfassung

Das in den vorangegangenen Kapiteln beschriebene Handeln der verschiedenen Akteure in den verschiedenen gesellschaftlichen Bereichen findet auf unterschiedlichen räumlichen und zugleich institutionell definierten Ebenen statt. Unterschieden werden hier im Allgemeinen die lokale bzw. regionale, die nationale, internationale und die globale Perspektive. Auf der lokalen Ebene sind lokale Agenda 21-Initiativen, auf der regionalen Ebene die EU und auf globaler Ebene die Vereinten Nationen von besonderer Bedeutung für die Entwicklung und politische Umsetzung von Strategien nachhaltiger Entwicklung.

---

9. Wissen als Ressource

9.1 Wissen im Kontext nachhaltiger Entwicklung

Bedeutung

Wissen als »künstliche Ressource« ist in doppelter Hinsicht zentral für nachhaltige Entwicklung: als wichtiger Bestandteil der Hinterlassenschaft an zukünftige Generationen und als bedeutsames Element heutiger Produktionsverhältnisse, insbesondere für Innovations- und Wettbewerbsfähigkeit sowie Erhaltung und Schaffung von Arbeitsplätzen. Die Zukunftsverantwortung gebietet (1) ein kontinuierliches »Vorhalten« und gezieltes Erzeugen von Wissensbeständen unter Nachhaltigkeitsaspekten. Darunter ist allerdings nicht die dauerhafte Konservierung aller jemals angehäufter Wissensbestände zu verstehen, sondern die Erhaltung und Dokumentation grundlegender Kompetenzen für wesentliche gesellschaftliche Produktions- und Anwendungsfelder. Im Interesse der Wahlfreiheit künftiger Generationen ist die prinzipielle Reaktivierbarkeit dieses Wissens zu einem späteren Zeitpunkt, unter möglicherweise veränderten gesellschaftlichen Rahmenbedingungen, zu gewährleisten. Wissen als Produktionsfaktor weist (2) teils dramatische *Verteilungsprobleme* in den Zugangsmöglichkeiten zu seiner Nutzung auf, die einer nachhaltigeren Entwicklung im Wege stehen. Wissen ist aber auch (3) als Wissen *für* nachhaltige Entwicklung bedeutsam. Denn die Umsetzung der Nachhaltigkeitsidee ist nur mit umfangreichem Wissen vorstellbar (Kap. 9.2).

Wissenstypen

Wissen für nachhaltige Entwicklung besteht nicht nur in klassischem Erklärungs- oder Fachwissen, sondern enthält immer auch Anteile von ethischem Orientierungs- und praktischem Handlungswissen. Folgende Wissenstypen werden unterschieden (Weber/Whitelegg 2003, Grunwald 2004):

- *Erklärungswissen*: Ein hinreichendes Verständnis natürlicher und sozialer Systeme sowie die Kenntnis der Wechselwirkungen zwischen menschlicher Wirtschaftsweise und der natürlichen Umwelt sind notwendige Bedingungen erfolgreichen Handelns für nachhaltige Entwicklung. Entsprechendes Wissen wird verschiedentlich auch als Systemwissen, Ursache/Wirkungswissen oder Kausalwissen bezeichnet.
- *Orientierungswissen*: Kriterien und Ziele nachhaltiger Entwicklung erschließen sich nicht aus Beobachtungen oder Experimenten, sondern bedürfen einer normativen, ethisch-politischen Herleitung, die je nach Nachhaltigkeitsbegriff und -konzept unterschiedlich ausfallen kann.
- *Handlungswissen*: Vorausschauendes Wissen über nachhaltigkeitswirksame Maßnahmen und ihre absehbaren Wirkungen (etwa im Energiebereich) ist für jede Nachhaltigkeitsstrategie unabdingbar, einschließlich des »Meta«-Wissens über die Unsicherheiten und Unvollständigkeiten des Wissens.

9.2 Forschung

Forschungsbedarf

Eine Entwicklung hin zu mehr Nachhaltigkeit ist nur möglich, wenn Nachhaltigkeitsprobleme erkannt werden, wenn ihre Ursachen untersucht und aufgedeckt werden, wenn es Wissen über Therapiemaßnahmen gibt, und wenn der Erfolg dieser Maßnahmen »gemessen« werden kann. Hierzu müssen zeitliche Entwicklungen empirisch beobachtet und Ursache-Wirkungszusammenhänge erkannt werden, um geeignete »Stellschrauben« für Nachhaltigkeitsmaßnahmen identifizieren und diese »richtig bedienen« zu können. Gleichzeitig müssen zukünftige Entwicklungen modelliert und simuliert werden, und es müssen Kriterien für Nachhaltigkeitsbewertungen von ökologischen, ökonomischen und sozialen Teilaspekten bis zu ethischen Fragen der Zukunftsverantwortung und der Gerechtigkeit entwickelt werden (Brown-Weiss 1989, Sen 1998). Des Weiteren sind unterschiedliche Handlungsmöglichkeiten und Strategien in Bezug auf ihre erwünschten und unerwünschten Wirkungen zu erforschen sowie bereits eingeleitete Maßnahmen in ihren Folgen zu beobachten, um Maßnahmen modifizieren und optimieren zu können (Monitoring). Diese Aufgaben ergeben ein komplexes Arbeitsspektrum für die wissenschaftliche Forschung, vor allem für das, was heute als »Sustainability Science« bezeichnet wird (Kates et al. 2002). Da trotz aller Forschung zwangsläufig Ungewissheiten und Unvollständigkeiten des Wissens verbleiben, muss es auch darum gehen, eine Politik der Nachhaltigkeit wissenschaftlich zu unterstützen, die unter den Bedingungen teilweise unsicheren Wissens und vorläufiger Bewertungen stattfindet (Bechmann/Grunwald 2002).

Forschungsprogramme

In nationalen, europäischen und internationalen Programmen der Forschungsförderung wird Forschung zur nachhaltigen Entwicklung gefördert. Im Programm »Forschung für die Nachhaltigkeit« (FONA) des Bundesministeriums für Bildung und Forschung (BMBF 2004b) steht nachhaltige Entwicklung als Innovations- und Wirtschaftsfaktor im Mittelpunkt. Das sechste (und absehbar auch das siebte) Forschungsrahmenprogramm der Europäischen Kommission weisen eine ganze Reihe von Nachhaltigkeitsbezügen auf, vor allem in den Bereichen Mobilität, Tourismus, Regionalentwicklung, Arbeit und Wirtschaftsentwicklung. Auf internationaler Ebene greifen die auf Initiativen der Vereinten Nationen zurückgehenden Programme WCRP (World Climate Research Programme), IHDP (International Human Dimensions Programme mit Schwerpunkt auf sozialen und ökonomischen Fragen), DIVERSITAS (zur Förderung und Koordinierung der Forschung zur biologischen Vielfalt) und das IGBP (International Geosphere-Biosphere Programme) relevante Themen auf.

Neue Forschungsrichtungen

Vor dem Hintergrund der Nachhaltigkeitsidee sind neue Forschungsrichtungen und -institutionen entstanden. Die »sozial-ökologische Forschung« (Jahn 2003) ist durch einen engen Bezug zur gesellschaftlichen Praxis sowie durch eine integrative Perspektive auf Gesellschaft und Natur gekennzeichnet. Die »Erdsystemanalyse« will die Wechselwirkungen zwischen Gesellschaft und Umwelt durch gekoppelte Modellierung und Simulation von gesellschaftlichen und natürlichen Entwicklungen erfassen (Schellnhuber/Wenzel 1998). Technikfolgenabschätzung (Grunwald 2002b) kann im Rahmen von Nachhaltigkeitsbewertungen eingesetzt werden (Fleischer/Grunwald 2002).

Kriterien

Spezifische Kennzeichen der Nachhaltigkeitsforschung sind (nach Hennen/Krings 2000) die problemorientierte Interdisziplinarität, die Beachtung eines langfristigen Zeithorizonts, das Bemühen um eine Balance zwischen Langfristorientierung und Beiträgen zur kurzfristigen Problemlösung, die regelmäßige Beobachtung der Erreichung (oder Nichterreichung) von Nachhaltigkeitszielen (Monitoring), die Bedürfnis- und Akteursorientierung sowie die Beachtung der Zusammenhänge zwischen regionalen und globalen Entwicklungen. Wissenschaft muss darüber hinaus stärker global denken, sich interdisziplinär mit anderen Disziplinen und transdisziplinär mit außerwissenschaftlichen Akteuren vernetzen und sich auf diese Weise beratend und gestaltend einbringen (Kates et al. 2002).

Handlungs-erfordernisse

Um diese Forderungen umzusetzen, muss die disziplinäre Organisation der Forschungslandschaft in Fächer und Fachbereiche, insbesondere an den Universitäten, durchlässiger gemacht werden. Hierzu sind vor allem zwei wesentliche strukturelle Veränderungen anzustreben: (1) *Wissenschaftliche Qualifikationen* (Studienabschlüsse, Promotion) müssen wesentlich stärker interdisziplinäre Themen und Strukturen zulassen und Prüfungs- und Bewertungskriterien müssen verändert werden. (2) In *Evaluierungen* müssen Interdisziplinarität sowie anwendungsnahe oder politikberatende Forschung besser honoriert werden. Darüber hinaus sollten in der *wissenschaftlichen Themenfindung* Nachhaltigkeitsaspekte stärker berücksichtigt werden.

9.3 Bildung

Bedeutung von Bildung

Bildung ist in doppelter Weise für Nachhaltigkeit wichtig: als Weitergabe von nachhaltigkeitsrelevantem Wissen, innerhalb der heutigen Generation und an die nächsten Generationen, und als Kompetenz zur Interpretation und Einordnung von Wissen und zu entsprechendem Handeln. Der Bildung kommt eine Schlüsselrolle für die zukünftige Entwicklung zu, da der Bildungsstand einen wesentlichen Anteil der Hinterlassenschaft an zukünftige Generationen ausmacht (»Humankapital«). Bildung erfüllt wesentliche Funktionen in der Sensibilisierung für Nachhaltigkeitsprobleme und im Kompetenzaufbau (Capacity-Building) zu ihrer Bewältigung. Einerseits stellt Grundbildung eine wesentliche *Voraussetzung* nachhaltiger Entwicklung dar, die in vielen Entwicklungsländern, aber auch in Industriestaaten, nur mangelhaft erfüllt ist, wie beispielsweise die hohe Analphabetenquote zeigt. Andererseits ist es notwendig, nachhaltige Entwicklung als zentralen *Inhalt* der verschiedenen Bildungsphasen zu etablieren.

UN-Dekade für Bildung

Am 20. Dezember 2002 beschloss die Vollversammlung der Vereinten Nationen auf Empfehlung des Weltgipfels von Johannesburg, für die Jahre 2005 bis 2014 eine UN-Dekade »Bildung für nachhaltige Entwicklung« (Education for Sustainable Development – ESD) auszurufen. Ihr Ziel ist es, durch Bildungsmaßnahmen zur Umsetzung der in Rio beschlossenen und in Johannesburg bekräftigten Agenda 21 (dort Kap. 36) beizutragen und die Prinzipien nachhaltiger Entwicklung weltweit in den Bildungssystemen zu verankern.

Zugang zu Bildung

In Bezug auf den Zugang zu Bildung müssen die grundlegendsten Bildungs- und Wissensvoraussetzungen für eine weltweit gesehen erhebliche Zahl von Menschen erst geschaffen werden, die davon bislang ganz oder teilweise ausgeschlossen sind. Bildung ist einerseits ein zentrales Element in der Entwicklungsproblematik der »Dritten Welt«, andererseits bestehen aber auch erhebliche Chancenungleichheiten in Bezug auf den Zugang zu Bildung *innerhalb* vieler Länder (so auch in Deutschland nach den verschiedenen PISA-Studien, vgl. OECD 2001b).

Gestaltungskompetenzen

Das Bildungsangebot für eine nachhaltige Entwicklung soll die Lernenden in die Lage versetzen an der zukunftsfähigen Gestaltung der Weltgesellschaft aktiv und verantwortungsvoll mitzuwirken und im eigenen Lebensumfeld einen Beitrag zu einer gerechten und umweltverträglichen Weltentwicklung leisten zu können. Das Bildungsziel ist daher – über die Wissensvermittlung hinaus – der Erwerb von *Gestaltungskompetenz* in Bezug auf weltoffene und interkulturelle Wahrnehmung, Befähigung zur Partizipation, vorausschauende Planungs- und Umsetzungskompetenz, Bereitschaft zur Übernahme von Verantwortung und Fähigkeit zur Reflexion (nach de Haan 2003, vgl. auch Rychen/Salganik 2003). Daraus resultiert die Anforderung, Bildungsinhalte, Lehrmaterialien und universitäre Lehrpläne entsprechend zu gestalten (Emmrich/Melzer 2006).

Hochschulen

In Bezug auf Forschung und Lehre an den Hochschulen geht es zur Umsetzung der für nachhaltige Entwicklung notwendigen Gestaltungskompetenzen und Wissensbestände um eine entsprechende Ausgestaltung der Studiengänge und Prüfungskriterien, um die Erleichterung fächerübergreifender Nachhaltigkeitsforschung und um die stärkere Vernetzung der Universitäten mit ihrem gesellschaftlichen Umfeld. Auch die Universität als Betrieb, der zum Beispiel Energie verbraucht und Abfälle produziert, kann unter Nachhaltigkeitsaspekten optimiert werden.

Schulische Bildung

In verschiedenen Initiativen (vgl. das Schweizer Schulnetz www.schulnetz.ch oder die Agenda 21-Schule, www.learn-line.nrw.de) wurde die Relevanz des Nachhaltigkeitsleitbildes für Schulen theoretisch ausgelotet und praktisch erprobt (www.blk21.de). Interdisziplinäres und vernetztes Denken soll durch fächerübergreifenden, projektorientierten Unterricht gefördert werden. Die Einbeziehung außerschulischer Lernorte (Firmen, Kommunalverwaltung, internationale Partnereinrichtungen usw.) hilft, den Blick auf übergreifende Zusammenhänge in der Praxis zu lenken. Interkultureller Bildung kommt eine erhöhte Bedeutung zu. Zur Illustration und Veranschaulichung von Nachhaltigkeitsthemen existieren mittlerweile eine Vielzahl didaktischer Materialien (vgl. www.blk21.de). Allerdings haben alle diese Aktivitäten bislang nur den Status von Erprobungen und Modellversuchen. Die »normale« Schule ist davon bislang kaum betroffen. Angesichts des momentanen Drucks auf das Schulsystem (Stichwort PISA-Studien) im Rahmen einer internationalen Standort-Diskussion unter ökonomischem Vorzeichen stehen zurzeit die Chancen auf eine flächendeckende Umsetzung derartiger Ideen eher schlecht.

9.4 Technik und Innovation

Notwendigkeit von Innovation

Wissen und seine »Verfestigungen« in Technik und in Institutionen prägen Vergangenheit, Gegenwart und sicher auch die Zukunft des Menschen. Natürliche Umwelt und Gesellschaft werden durch Wissen in Form von technischen und außertechnischen Innovationen verändert. Technik und Innovation entscheiden maßgeblich mit über den Grad nachhaltiger Entwicklung der menschlichen Wirtschaftsweise. Das Verhältnis von Technik und nachhaltiger Entwicklung ist dabei prinzipiell ambivalent: Technik wird einerseits als *Problem* für nachhaltige Entwicklung und als Verursacher vieler Nachhaltigkeitsprobleme gesehen, andererseits aber als *Lösung* von Nachhaltigkeitsproblemen oder wenigstens als Bestandteil davon (Fleischer/Grunwald 2002). Angesichts der weiter ansteigenden Weltbevölkerung und der berechtigten Bedürfnisse nach einer nachholenden Entwicklung in den ärmeren und Schwellenländern sind Schritte in Richtung auf eine nachhaltige Entwicklung ohne innovative und »nachhaltigere« Technik nicht vorstellbar. Technischer Fortschritt und Innovation einerseits und nachhaltige Entwicklung andererseits – die in fortschrittskritischen Kreisen lange Zeit als unvereinbar galten – müssen zusammen gebracht werden (Grunwald 2002a, Mappus 2005). Die Frage ist nicht, ob technischer Fortschritt sich für oder gegen Nachhaltigkeit auswirkt, sondern wie der wissenschaftlich-technische Fortschritt gestaltet werden muss, damit positive Beiträge zur nachhaltigen Entwicklung die Folge sind.

Umfassende Lebenszyklusanalysen

Um technische Innovationen für nachhaltige Entwicklung zu gestalten, müssen möglichst frühzeitig die zu erwartenden Nachhaltigkeitsfolgen von Technikentwicklung und -nutzung analysiert und bewertet werden (Fleischer/Grunwald 2002). Entscheidend für eine *prospektive Nachhaltigkeitsbewertung* von Technik ist eine

Gesamterfassung der Nachhaltigkeitseffekte in den Phasen der *Entwicklung* und *Produktion*, der *Nutzung* und ihrer *Entsorgung*. Technische Produkte und Systeme sammeln positive und negative Nachhaltigkeitsbeiträge auf dem gesamten »Lebensweg« an, der von den primären Rohstofflagerstätten über Transporte und Verarbeitungsprozesse über die Art und Weise ihrer Nutzung bis hin zur Entsorgung reicht. Für eine Nachhaltigkeitsbewertung von Technik ist daher ihr gesamter *Lebenszyklus* entscheidend. Eine solche Nachhaltigkeitsbilanz von Technik umfasst neben Umwelteffekten (die in der klassischen Lebenszyklusanalyse LCA erfasst werden) auch soziale Probleme (Kinderarbeit, unmenschliche Arbeitsverhältnisse usw.) und ökonomische Aspekte (wie Existenzsicherung) in Rohstoffgewinnung, Fertigung und Entsorgung. Prospektive Nachhaltigkeitsbewertungen stoßen allerdings auf erhebliche Prognoseprobleme (Fleischer/Grunwald 2002).

Erweiterter Innovationsbegriff

Nachhaltigkeitsorientierte Innovationen müssen über die effizientere Technik hinaus auch die gesellschaftlichen Umstände mit bedenken, unter denen sie zum Einsatz kommen werden. Marktverhältnisse, institutionelle Gefüge und politische Rahmenbedingungen spielen hier eine Rolle. Wenn also technischer Fortschritt in den Dienst der nachhaltigen Entwicklung gestellt werden soll, reicht es nicht aus, die Technik zu optimieren. Vielmehr muss – im Sinne eines über rein technische Aspekte hinaus *erweiterten Innovationsbegriffs* – auch das gesellschaftliche Umfeld mit betrachtet werden, in dem letztlich die Nutzung stattfindet. Technische Innovationen müssen daher – in der Regel – begleitet werden von sozialen oder institutionellen Innovationen.

Zusammenfassung

Wissen ist zentral für die Diagnose und Therapie von Nachhaltigkeitsdefiziten. Forschung als Mittel der Schließung von Wissenslücken über nachhaltige Entwicklung, Bildung zur Weitergabe des Wissens, zu seiner Nutzung und zu seiner Umsetzung in Gestaltungskompetenz sowie Innovation und Technik als wesentliche Mittel, neues Wissen gesellschaftlich anzuwenden und fruchtbar zu machen, sind für nachhaltige Entwicklung wesentlich.

10. Rezeption und Kritik

10.1 Begriffskritik

Die hohen Ansprüche und weitreichenden Erwartungen an das Leitbild der nachhaltigen Entwicklung sind nicht unwidersprochen geblieben. Grundsätzliche Kritikpunkte – häufig von skeptischen Wissenschaftlern vorgebracht – sind:

- *Nachhaltige Entwicklung als inhaltsleere Hülle*: Kritiker meinen, dass das Leitbild nachhaltiger Entwicklung rhetorisch mächtig, aber inhaltlich leer sei. Zwar könne niemand *gegen* nachhaltige Entwicklung sein, aber die Akzeptanz des Leitbildes sage konkret inhaltlich nichts aus. Zum Beispiel könnten unter Berufung auf die Brundtland-Definition trotzdem komplett gegensätzliche Positionen vertreten werden. Nachhaltige Entwicklung sei nichts als Zeitgeist und Rhetorik, inhaltlich »zahnlos«.
- *Nachhaltige Entwicklung als ideologische Täuschung*: Die Inhaltsleere, so eine weitere Befürchtung, lade zum ideologischen Missbrauch ein. Der Bezug auf nachhaltige Entwicklung verdecke die Interessen der realen Akteure und die faktischen Machtverhältnisse. Gesellschaftliche Gruppen würden so ihre eigenen Interessen unter dem Mantel nachhaltiger Entwicklung verkaufen.
- *Nachhaltige Entwicklung als Illusion:* Zweifel an der Umsetzbarkeit des Nachhaltigkeitsleitbilds angesichts der Steuerungsprobleme moderner Gesellschaften münden in einen »Generalverdacht des Illusorischen« (Brand/Fürst 2002). Nachhaltige Entwicklung diene der

Beruhigung der Gesellschaft angesichts dramatischer Zukunftsprobleme. Sie suggeriere, dass, wenn man nur lange genug darüber rede, die Probleme schon irgendwie gelöst werden könnten. Nachhaltige Entwicklung habe daher den Charakter eines kollektiven Selbstbetrugs.

- *Nachhaltige Entwicklung als Bauchladen*: Manche Kritiker sind der Meinung, dass die moralische Aufgeladenheit und das Pathos nachhaltiger Entwicklung an utopische Hoffnungen und an säkularisierte Paradieserwartungen erinnern. Der Nachhaltigkeitsbegriff sei überladen, wenn mehr als nur ökologische Nachhaltigkeit darunter verstanden werde (Knaus/Renn 1998). Nachhaltige Entwicklung als Sammelbegriff für alles, was »edel, hilfreich und gut« sei, sei nicht praktikabel, sondern würde uneinlösbare Erwartungen wecken.

Trotzdem Nachhaltigkeitsanalysen

Gegenwärtig scheint es, dass die begonnenen wissenschaftlichen Diagnosen (Kap. 5) und die politischen Umsetzungen (Kap. 8) trotz der erkennbaren Unzulänglichkeiten bereits eine Konkretisierung des Nachhaltigkeitsleitbilds erzwungen haben, die berechtigte Hoffnungen auf eine langfristige und kontinuierliche Weiterentwicklung entsprechender Ansätze weckt. Kritik in der genannten radikalen Weise wirkt dann eher als Ansporn zu weiterer begrifflicher, konzeptioneller und auch empirischer Anstrengung, aber weniger als Generalangriff gegen das Leitbild insgesamt.

10.2 Nachhaltigkeit als öffentliches Thema

Die öffentliche Resonanz auf das Nachhaltigkeitsleitbild ist einerseits bislang eher gering: »Das Konzept der

Nachhaltigkeit ist in der Mitte der Gesellschaft noch nicht angekommen.« (Hauff 2004) Selbst der bloße Bekanntheitsgrad des Nachhaltigkeitsbegriffs ist erstaunlich klein. Zwar konnte er in Deutschland von 13 Prozent auf über 20 Prozent gesteigert werden (BMU 2004b: 69), aber angesichts der Bedeutung des Themas und öffentlichkeitswirksamer Aktivitäten der deutschen Bundesregierung und des Rates für Nachhaltige Entwicklung (www.nachhaltigkeitsrat.de) ist dies ein eher bescheidener Erfolg. Diese Situation ist zunächst unbefriedigend.

Zwar werden einige der Themen, die unter das Leitbild zu fassen sind wie Arbeitslosigkeit, Bildung oder Umweltschutz seit langem und intensiv in der Öffentlichkeit diskutiert. Dies geschieht allerdings nur zu einem Teil in einer dem Anspruch des Nachhaltigkeitsleitbildes angemessenen Weise. Außerdem findet eine Reihe von nachhaltigkeitsrelevanten Themen – wie die Folgen des westlichen Lebensstils für Entwicklungsländer und deren Rückwirkungen auf die Industrieländer, etwa in Form von Flüchtlingsströmen – nicht die notwendige Beachtung. Vor diesem Hintergrund kann man hier von einem für die demokratische Meinungsbildung grundsätzlich wichtigen, lebendigen öffentlichen Dialog bislang kaum sprechen. Dadurch wird auch die Umsetzung der Nachhaltigkeitsforderung nach Partizipation behindert.

Diskrepanz zwischen Bedeutung und Wahrnehmung

Die Gründe für das Auseinanderklaffen zwischen der eminenten Bedeutung des Nachhaltigkeitsleitbildes und seinem hohen Anspruch einerseits und der eher selektiven öffentlichen Resonanz andererseits liegen hauptsächlich in den Mechanismen der gesellschaftlichen Problemwahrnehmung und den »Gesetzen« der Massenmedien begründet (dazu Brickwede/Peters 2002, Klenner/Wehrspaun 2001). Die öffentliche Problemwahrnehmung richtet sich hauptsächlich auf markante Einzelereignisse oder Entwicklungen (Wahl et al. 2001): Waldsterben, Klimakatastrophe, Tankerunglücke und Ozonloch kennzeichnen bereits in ihrer Begrifflichkeit derartige Wahrnehmungsstrukturen. Die Öffentlichkeit wird auf diese Weise durch die Medien »alarmiert« (Spada 2002). Das Nachhaltigkeitsleitbild weist jedoch Merkmale auf, die nicht zu diesen Wahrnehmungsschemata passen (Fischer/Hahn 2001):

(1) *Interne Themenvielfalt*: Statt einen einzigen und spezifischen Fokus zu haben, besteht es aus vielen heterogenen Themenfeldern (Kap. 6) und ist *als Ganzes* schwer massenmedial vermittelbar;
(2) *Abwägungskomplexität*: Diagnose und Therapie unter Nachhaltigkeitsaspekten entziehen sich einfachen Rezepten, sondern bedürfen komplexer – und daher wiederum massenmedial schlecht transportierbarer – Erwägungen;
(3) *Vorsorgecharakter*: Der Vorsorgeaspekt der nachhaltigen Entwicklung im Hinblick auf langfristige und schleichende Entwicklungen ist für die Massenmedien häufig uninteressant; hier interessieren mehr die drängenden tagespolitischen Themen.

Massenmedien

So besteht zwischen dem Nachhaltigkeitsleitbild und dem Medium Fernsehen keinerlei positive Wechselwirkung (Hagedorn et al. 2004). Unter den Programmgestaltern ist die Meinung verbreitet, dass nachhaltige Entwicklung zu komplex, zu anspruchsvoll, zu unkonkret und daher schwierig vermittelbar sei. Die gegenwärtige Ausdifferenzierung des Fernsehens erlaube es danach zwar, durch Spartenprogramme bestimmte Adressatengruppen zu erreichen. Das Erreichen eines *breiten* Publikums bedürfe danach jedoch der Ausschöpfung aller Mittel, die Fernsehsendungen erfolgreich machen. Hierzu gehören die weitgehende Personalisierung, die Emotionalisierung, die Darstellung nachhaltiger Entwicklung als »trendy«, der Einsatz von prominenten Werbeträgern für nachhaltige Entwicklung oder ein Journalismus, der die Probleme »alarmistisch« dramatisiert. In der – leicht polemischen – Deutung dieses Sachverhaltes heißt das: »das Fernsehen darf, wenn es unter Quotengesichtspunkten erfolgreich sein will, eines genau nicht tun: nachhaltig sein und wirken« (Küppersbusch 2003).

Die Mechanismen der Massenmedien stoßen bei der Behandlung des Themas der nachhaltigen Entwicklung an Grenzen. So verbietet sich angesichts der Komplexität des Begriffs »eigentlich« eine simplifizierende Personalisierung. Auch die üblichen massenmedialen Strategien der Vereinfachung der Themen, der Reduktion auf Schlagzeilen und der polarisierenden Gegenüberstellungen laufen der Nachhaltigkeitsidee geradezu zuwider. Groß wäre das Risiko einseitiger und unterkomplexer Botschaften, etwa wenn unkritisch auf den technischen Fortschritt als Problemlöser gesetzt würde, wenn gegenteilig eine »Romantik des Verzichts« verkündet würde, wenn moralisiert würde, »man müsste eigentlich ...«, oder wenn Themen schöngeredet würden.

Diese Situation fordert dazu heraus, neue Formen im Verhältnis zwischen Politik, Wissenschaft, Medien und Öffentlichkeit zu erproben (Michelsen/Godemann 2005). Geeignet hierfür sind weder das einseitige Setzen auf Informationsoffensiven des Staates noch die Hoffnung, dass Zivilgesellschaft und Lokale Agenda-Aktivisten sich von selbst langfristig Gehör verschaffen würden. Gefragt werden muss vielmehr nach den Rollen der verschiedenen Gruppen, einschließlich der Eliten und der Wissenschaft. Auf verschiedenen Ebenen muss es dabei um *Wissen*, um *Sensibilisierung* und *Orientierung* gehen, genauso wie um die Bereitschaft, an der Ausgestaltung und Umsetzung nachhaltiger Entwicklung mitzuwirken.

Kultur der Nachhaltigkeit

Letztlich geht es um eine neue öffentliche »Kultur der Nachhaltigkeit«. So hat der Rat für Nachhaltige Entwicklung (2002b) kritisiert, dass die Diskussion um nachhaltige Entwicklung von technischen Fragen dominiert werde. Dieses »Kulturdefizit« und die Abwesenheit des Emotionalen seien mit dafür verantwortlich, dass das Nachhaltigkeitsleitbild viele Menschen noch nicht erreicht habe. Konsequenterweise hat der Rat dazu durch verschiedene Initiativen (z.B. Filmprojekt, Identifikation von »Gesichtern der Nachhaltigkeit«) beigetragen, dass in den letzten Jahren die Bedeutung des Kulturbereichs als »Botschafter« für nachhaltige Entwicklung entdeckt worden ist. Dem Nachhaltigkeitsleitbild künstlerischen Ausdruck zu verleihen, kann andere Personenkreise erreichen als eher intellektuell ausgerichtete Ansätze der Verbreitung. Allerdings kann auch dies nur *ein Teil* einer umfassenden Strategie sein, nachhaltige Entwicklung in die Mitte der Gesellschaft zu holen.

10.3 Interkulturelle Wahrnehmung

Vorwurf des Eurozentrismus

Obwohl das Nachhaltigkeitsleitbild maßgeblich durch die international zusammengesetzte Brundtland-Kommission geformt worden ist (vgl. Kap. 2.3), wird der Idee der nachhaltigen Entwicklung gelegentlich der Vorwurf des »Eurozentrismus« gemacht: Sie sei letztlich geboren aus der Idee der europäischen Aufklärung. Das Erbe der Aufklärung ist unzweifelhaft über den Gerechtigkeitsbegriff und die ethischen Grundlagen der Zukunftsverantwortung (Kap. 3.1) in das Nachhaltigkeitsleitbild eingegangen. Nachhaltige Entwicklung ist aber darüber hinaus an viele Traditionen in allen Weltkulturen anschlussfähig.

Bedeutung der Weltreligionen

Hierbei kommt den Weltreligionen eine große Bedeutung zu. In ihnen spiegeln sich die langfristigen, teils Jahrtausende zurückreichenden und daher oft tief verwurzelten kulturellen Traditionen und historischen Erfahrungen. Zentrale Aspekte der nachhaltigen Entwicklung liegen bestimmten religiösen Grundthemen nicht fern. Verteilungsgerechtigkeit, die Bewahrung der natürlichen Lebensgrundlagen, das Wirtschaften mit begrenzten Ressourcen sowie die Verantwortung für Lebensführung und Wirtschaftsweise sind – in sicher ganz verschiedenen Ausprägungen – wichtige Themen in den Religionen. Letztlich handelt es sich hierbei um Fragen, die ganz grundsätzlich mit der *conditio humana* verbunden sind: Fragen nach der Stellung des Menschen in der Welt, nach der Regelung seiner kollektiven Angelegenheiten und nach seiner Verantwortung.

Buddhismus

Dies betrifft das grundsätzliche Verhältnis zwischen Mensch und Natur. Werden in der griechischen Philosophie und der christlichen Tradition Mensch und Natur traditionell einander gegenübergestellt, so geht der Buddhismus von einer *a priori*-Einbettung des Menschen in die Natur aus. Im Buddhismus wird Kultur nicht als Summe des vom Menschen Gemachten, sondern als vollendete, erwachte, zu sich selbst gekommene Natur verstanden. Angesichts der buddhistischen Diagnose, dass die großen Umweltprobleme letztlich eine Folge des europäischen Denkens seien (Litsch 2000), wäre eine nachhaltigere Entwicklung nur durch eine grundlegende Neukonzipierung unseres Naturverhältnisses zu erreichen, während die Skepsis gegenüber Effizienzstrategien (Kap. 5.3) groß ist (Litsch 2000).

Hinduismus

Auch in der hinduistischen Welt existiert eine lange Tradition des Respekts vor der Natur mit einem ganzheitlichen Naturverständnis. Umso mehr fällt der Widerspruch zwischen dieser naturnahen Grundeinstellung und den teils dramatischen Umweltzerstörungen gerade in Indien auf (vgl. www.teriin.org/greenindia/sum.htm).

Islam

Im Koran wird Natur als Geschenk Gottes verstanden, das die Menschen treuhänderisch zu verwalten haben (Hassan/Cajee 2002, Salleh 1995). So gibt es eine ausgeprägte, bereits auf den Propheten Mohammed und die Kalifen zurückgehende Tradition, bestimmte Naturgebiete als »öffentliche Güter« der privaten Nutzung zu entziehen und sie dadurch zu schützen (*al-hima*) (Fakir o.J.). In der ersten »Islamic Convention on Sustainable Development« steht jedoch weniger der Umgang des Menschen mit der Natur, sondern Armutsbekämpfung und Wirtschaftswachstum im Vordergrund (Islamic Conference 2002). Hier drückt sich weniger eine spezifisch islamische Perspektive auf die Inhalte und Ziele nachhaltiger Entwicklung, sondern die wirtschaftliche Situation der meisten islamischen Länder aus, die durch starkes Bevölkerungswachstum, hohe Arbeitslosigkeit, kaum konkurrenzfähige wissenschaftlich-technische Kompetenz und Armut mit relativ schlechten Aussichten auf rasche Verbesserung geprägt ist.

Christentum

Das Christentum geht, auf der Basis der biblischen Schöpfungsgeschichte (»Macht euch die Erde untertan«, Altes Testament; Genesis), von der Vorrangstellung des Menschen gegenüber der Natur aus. Umweltfragen wurden in größerem Umfang erst in der Folge der Bewusstwerdung der globalen Ressourcen- und Umweltprobleme ab den sechziger Jahren thematisiert. Die Rede von der »Bewahrung der Schöpfung«, wie sie manche Kirchentage vor allem in den 1970er und 1980er Jahren kennzeichnete, verdeutlicht dieses Umdenken. In Bezug auf die Verantwortung gegenüber den heute Lebenden hat dagegen das Christentum Gedanken der nachhaltigen Entwicklung in Teilen vorweggenommen, so in der katholischen Soziallehre und in der südamerikanischen Befreiungstheologie. Kritik am Wachstums- und Wohlstandsmodell der westlichen Welt wird heute auch aus christlichen Positionen heraus geübt (z.B. Johannes Paul II. 1979).

Fundamentalismusgefahr

Es darf aber auch nicht übersehen werden, dass die Weltreligionen in Konkurrenz zueinander stehen und dass zwischen ihnen, teils aber auch zwischen verschiedenen Richtungen innerhalb der Religionen, erhebliche Konfliktpotenziale bestehen. Religionskriege und religiös motivierte Unterdrückung von Minderheiten sind zurzeit besonders in Teilen Afrikas und Asiens ein gravierendes Problem. Fundamentalismus und religiös motivierter Terrorismus gefährden die innere Sicherheit vieler Staaten und die Sicherheit auf der globalen Ebene. Gelegentlich wird gar ein »Clash of Civilizations« befürchtet (Huntington 1998). Interreligiösen und interkulturellen Dialogen zum Abbau der Konfliktpotenziale und zur Auslotung der Gemeinsamkeiten in Bezug auf die Haltung zu den großen Weltproblemen kommt daher eine große Bedeutung zu.

Verschwendung als Lebensstil?

Eine ganz andere Frage ist, ob und inwieweit auch jenseits der Religionen auch andere Traditionen die Mobilisierung für das Nachhaltigkeitsleitbild beeinflussen können. Relevant in diesem Zusammenhang ist die zunehmende Ökonomisierung vieler Lebensbereiche in den letzten Jahrzehnten (manche sprechen vom Kapitalismus als einer »Ersatzreligion«). Hoffnungen in der Folge der kulturellen Umwälzungen der siebziger Jahre, dass eine neue »postmaterielle« Generation mehr auf qualitatives als auf quantitatives Wachstum setzen würde, haben sich nicht bestätigt. So hat sich etwa der ressourcenverschwendende »American way of life« – sicher auch gerade angesichts des bislang damit verbundenen ökonomischen Erfolges – international weiter durchgesetzt. Dieser Lebensstil wurde in der amerikanischen Geschichte geprägt von der Unbegrenztheit des Horizonts, der dauernden Überschreitung bestehender Grenzen, der Weite des Landes und der scheinbaren Unerschöpflichkeit seiner (natürlichen und sozialen) Ressourcen. Mit einem zentralen Gedanken nachhaltiger Entwicklung – der Entwicklung im Wissen um die Begrenztheit der Ressourcen – ist diese Überzeugung schwer vereinbar. Das heißt natürlich nicht, dass man sich auf der Basis dieser »Kultur« nicht für nachhaltige Entwicklung engagieren könnte, aber es bedeutet, dass ein solches Engagement weniger auf bereits verankerte kulturelle Ressourcen zurückgreifen kann.

Zusammenfassung

Nachhaltige Entwicklung als globale Herausforderung ist mittlerweile erfolgreich auf der Agenda von Politik und Wissenschaft und zunehmend im Bewusstsein vieler Menschen verankert. Trotzdem ist der Umgang mit dem Nachhaltigkeitsleitbild auch durch deutliche Kritik, mangelnde Reflexion und Rezeption in Öffentlichkeit und Medien und durch interkulturelle Wahrnehmungsdifferenzen gekennzeichnet.

---

11. Zehn Thesen

In diesem abschließenden Kapitel nehmen wir die zentralen Punkte aus den vorigen Kapiteln auf, um in Form von zehn Thesen deutlich zu machen, was zukünftig aus unserer Sicht im Sinne einer nachhaltigen Entwicklung dringend erforderlich ist.

1. Fundamente des Leitbilds

Nachhaltige Entwicklung steht für anspruchsvolle ethische Zielsetzungen: die Wahrnehmung von *Zukunftsverantwortung* und die Realisierung von *Verteilungsgerechtigkeit*. Ihre Realisierung erfordert weitreichende *Gestaltungs- und Umgestaltungsmaßnahmen* der heutigen Produktionsverhältnisse, Lebensstile und politisch-institutioneller Rahmenbedingungen, von der lokalen bis zur globalen Ebene. Dies betrifft so unterschiedliche Bereiche wie die Energieversorgung, Ernährung, Gleichstellung von Frauen, Partizipation oder Arbeit. Wie weit wir von einer nachhaltigen Entwicklung entfernt sind und ob wir uns diesem Leitbild annähern oder von ihm entfernen, muss mit *Indikatoren* soweit wie möglich messbar gemacht werden. Eine umfassende Nachhaltigkeitsdiagnose bedarf einer systematischen Beobachtung vieler Indikatoren (*Monitoring*).

2. Der integrative Anspruch

Die ethischen Grundlagen von Zukunftsverantwortung und Verteilungsgerechtigkeit führen auf die Notwendigkeit *integrativer* Konzeptionen nachhaltiger Entwicklung. Nachhaltige Entwicklung ist nicht teilbar, sondern bedarf immer – auch in den ganz konkreten Ausprägungen – eines »Blicks auf das Ganze«. Der integrative Blick muss sich auf die involvierten *thematischen Dimensionen* erstrecken (etwa die ökologische, ökonomische und soziale Dimension), auf die verschiedenen *betroffenen Akteure* (wie Politik, Wirtschaft und Zivilgesellschaft) und auf die *relevanten Handlungsebenen* (von lokal bis global). Die Notwendigkeit der Integration – in Diagnose und Therapie – erfordert angemessene Verfahren der Abwägung zwischen heterogenen Kriterien und Zielen, in Bezug auf die Setzung von Prioritäten für Maßnahmen und in Bezug auf den Umgang mit Ziel-, Interessen- und Bewertungskonflikten.

3. Millenniumsziele

In der globalen Perspektive würde die Erreichung der UN-Millenniumsziele einen wichtigen ersten Schritt auf dem Weg zu einer nachhaltigen Entwicklung darstellen. Erforderlich hierfür sind erhebliche Anstrengungen sowohl in den Entwicklungsländern selbst (etwa bezüglich politischer Stabilität, ökonomischer und rechtlicher Institutionen, Korruptionsbekämpfung) als auch in den Industriestaaten. Zur Schließung der gegenwärtig immensen Lücke in der Finanzierung dieser Entwicklung ist eine an den Kriterien des Verursacher- und des Leistungsfähigkeitsprinzips orientierte Kombination verschiedener Ansätze notwendig: die Mobilisierung und Umverteilung von Finanzressourcen in den Entwicklungsländern; die deutliche Intensivierung der technischen und finanziellen Entwicklungszusammenarbeit (Stichwort 0,7 Prozent-Ziel), auch mit Hilfe des Einsatzes innovativer Instrumente zur Mittelbeschaffung wie der Tobin-Steuer, einer globalen CO_2-Steuer oder so genannter Nutzungsentgelte für globale Gemeinschaftsgüter; die verstärkte Mobilisierung nachhaltigkeitsfördernder ausländischer Investitionen in den Entwicklungsländern; ein bedingter Schuldenerlass für die ärmsten Staaten sowie die Verbesserung ihrer Einnahmenpotenziale etwa durch eine faire Welthandelsordnung.

4. Steuerungserfordernisse

Die Umsetzung des Nachhaltigkeitsleitbilds erfordert zum einen Konkretisierungsschritte in Form von Handlungsleitlinien und -zielen, zum anderen gesellschaftliche Steuerung, um die notwendigen Transformationsprozesse zur Erreichung dieser Ziele realisieren zu können. Dabei ist sowohl der These vom »Ende des Nationalstaats« entgegenzutreten, in der Staaten und Regierungen auf die Funktion des »Ermöglichers« von bürgerschaftlichem und wirtschaftlichem Engagement reduziert werden, als auch der resignativen Vorstellung, Politik könne nur noch auf Entwicklungen reagieren und das Schlimmste zu verhindern versuchen. Vielmehr muss es darum gehen, nach »intelligenten« Steuerungsmechanismen zu suchen, mit denen der Staat an Nachhaltigkeitszielen orientierte Rahmenbedingungen setzt, die den Akteuren Handlungsfreiräume eröffnen, aber auch Grenzen für nicht-nachhaltiges Handeln setzen. Diese Rahmenbedingungen beinhalten einerseits den Einsatz ordnungsrechtlicher, marktwirtschaftlicher und anderer Instrumente in einer sinnvoll aufeinander abgestimmten Kombination. Andererseits bedarf es des Abbaus von Hemmnisfaktoren wie kontraproduktiver Subventionen, oder – im Falle Deutschlands – einer Reform des föderalen Systems, mit dem Ziel effektiverer und effizienterer Entscheidungsprozesse. Damit ist eine möglichst effiziente und hinsichtlich der Lastenverteilung gerechte Erreichung der Nachhaltigkeitsziele anzustreben.

5. Notwendigkeit zu Innovation

Die Realisierung des Nachhaltigkeitsgebots, einer weiter wachsenden Zahl von Menschen dauerhaft die Befriedigung ihrer Bedürfnisse zu ermöglichen, ist angesichts der bestehenden Probleme nur durch weitreichende Innovationen in der Güterproduktion, im Lebensstil und in den gesellschaftlich-politischen Rahmenbedingungen vorstellbar. Die Notwendigkeit von Innovationen besteht also nicht nur in technischer, sondern auch in sozioökonomischer, institutioneller und organisatorischer Hinsicht. Revolutionäre Effizienzsteigerungen durch wissenschaftlich-technischen Fortschritt sind dabei unerlässlich, müssen jedoch durch die Veränderung von Lebensstilen und Konsumgewohnheiten ergänzt werden.

6. Global Governance

Unter dem Gesichtspunkt des Nachhaltigkeitsleitbilds stellen die verschiedenen Globalisierungsprozesse kein Ziel per se dar, sondern nur in dem Maße, wie sie den Nachhaltigkeitszielen dienlich sind. Angesichts der gegenwärtig offenkundigen Steuerungsdefizite ist eine institutionelle und politische Gestaltung dieser Globalisierungsprozesse mit dem Modell einer »Global Governance« dringend notwendig. Charakterisierbar als »globales kooperatives Regieren« steht hier die Integration der globalen bis zur lokalen Handlungsebene, der verschiedenen Akteure Staat, Wirtschaft und Zivilgesellschaft, der einzelnen Entwicklungsdimensionen sowie der Steuerungsinstrumente (formelle und informelle Mechanismen) im Mittelpunkt. Zumindest teilweise realisiert wurde dieses Modell im Rahmen der Umsetzung der Klimarahmenkonvention. Prinzipiell verbindet sich mit ihm auch der Anspruch einer »nachholenden Globalisierung der Politik«, als Reaktion auf die Globalisierung des Wirtschaftens.

7. Abrüstung und Konfliktprävention

Nachhaltigkeitsziele sind auch durch Aufrüstung und Kriege bedroht. Die erheblichen, auch in vielen Entwicklungsländern für Rüstung verwendeten Mittel fehlen an anderer Stelle. Kriege und Bürgerkriege zerstören staatliche Ordnungen, soziales Kapital, die natürliche Umwelt und materielle Werte. Für nachhaltige Entwicklung ist es zunächst erforderlich, die vorhandenen Rüstungs-»Altlasten« durch Abrüstungsvereinbarungen und Konversion zu bewältigen. Darüber hinaus besteht die Hoffnung, dass eine Zivilisation, die auf den Prinzipien nachhaltiger Entwicklung aufbaut, präventiv gegenüber kriegerischen Auseinandersetzungen wirkt. Eine gerechte Verteilung und Entwicklung der natürlichen, sozialen und ökonomischen Ressourcen mindert die Gefahr von kriegerischen Konflikten. Auch sollte eine »Kultur der Nachhaltigkeit« eine gewaltfreie Konfliktbewältigung beinhalten.

8. Reform der sozialen Sicherungssysteme

Gesellschaftlich solidarisch organisierte und finanzierte, funktionsfähige soziale Sicherungssysteme stellen eine wesentliche Voraussetzung für die Schaffung und Aufrechterhaltung gesellschaftlichen Zusammenhalts sowie die Umsetzung des Gerechtigkeitspostulats zwischen und innerhalb der Generationen dar. Angesichts der bisherigen und künftigen Entwicklung in der Altersstruktur und auf dem Arbeitsmarkt in Deutschland und anderen Industriestaaten wird eine ausschließlich an den Faktor Arbeit, das heißt an sozialversicherungspflichtige Arbeitsplätze, gekoppelte Finanzierung dieser Systeme – wie etwa in Deutschland praktiziert – bereits mittelfristig nicht mehr im erforderlichen Umfang möglich sein. Vorrangiges Ziel sollte es daher sein, zum einen die Finanzierung des Systems auf eine breitere Basis zu stellen, etwa durch eine vollständige oder teilweise Umstellung auf eine Steuerfinanzierung. Zum anderen müssen angemessene Rahmenbedingungen und Möglichkeiten für spezifische Vorsorgeelemente auf betrieblicher Ebene sowie für eine stärkere Eigenbeteiligung der Versicherten geschaffen werden.

9. Steuer- und Abgabenreform

Ein wesentliches Element der angemessenen Gestaltung staatlicher Rahmenbedingungen müsste in einer an den Nachhaltigkeitszielen orientierten, umfassenden Steuer- und Abgabenreform bestehen. Sie muss darauf ausgerichtet sein, nicht-nachhaltiges Verhalten (finanziell) zu belasten und nachhaltiges Verhalten zu belohnen, was nicht ohne die Entwicklung und Umsetzung kreativer und innovativer Instrumente möglich sein wird. Ein Kernbereich dieser Reform muss sein, auf eine an den bestehenden und erwartbaren Knappheiten sowie den wesentlichen Folgekosten ihres (Nicht-)Einsatzes orientierte Kombination der Produktionsfaktoren Arbeit, Kapital und Ressourcen hinzuwirken. Dabei ist auf eine möglichst weitgehende Erfüllung der Kriterien Effektivität und Effizienz in der Zielerreichung, Gerechtigkeit und Transparenz bzw. Einfachheit zu achten.

10. Bildung und Forschung

Bildung und Forschung sind zentrale Elemente für die Umsetzung des Leitbilds nachhaltiger Entwicklung. Einerseits stellt (Grund-)Bildung eine wichtige – und vor allem in Entwicklungsländern häufig kaum oder unzureichend realisierte – Voraussetzung für Entwicklung und Chancengleichheit dar. Andererseits muss das Thema der nachhaltigen Entwicklung einen wichtiger werdenden Bildungs- und Forschungsinhalt in Schulen und Hochschulen zum Aufbau von Gestaltungskompetenzen und zur Wissensverbreitung ausmachen. Forschung für eine nachhaltige Entwicklung dient der Bereitstellung des für Gestaltungsmaßnahmen notwendigen Diagnose- und Therapiewissens. Investitionen in Bildung und Forschung und zur Schaffung entsprechender institutioneller und struktureller Voraussetzungen (wie für inter- und transdisziplinäre Forschung) sind daher dringend geboten.

Literatur

Acker-Widmaier, Gerald (1999): *Intertemporale Gerechtigkeit und nachhaltiges Wirtschaften. Zur normativen Begründung eines Leitbildes*, Marburg

Adloff, Frank (2005): *Zivilgesellschaft. Theorie und politische Praxis*, Frankfurt/New York

Agenda-Transfer (Hg.) (2003): *Gemeinsam empfohlene Indikatoren zur kommunalen Nachhaltigkeit*, Bonn (siehe www.agendaservice.de)

Altvater, Elmar/Brunnengräber, Achim (2002): *NGOs im Spannungsfeld von Lobbyarbeit und öffentlichem Protest*. Aus Politik und Zeitgeschichte, Nr. B 6–7, S. 6–14

Annan, Kofi (2000): *We the People. The Role of the United Nations in the 21st Century*. United Nations Millennium Report of the Secretary-General, New York

Annan, Kofi (2002): *Strengthening the United Nations: An Agenda for Further Change*. Report of the Secretary-General. A/57/387, New York

Annan, Kofi (2005): *Reforming the United Nations. UN Reform Dossier: 1997–2005*, New York (siehe www.un.org/reform/dossier.html)

Baccini, Peter/Bader, Hans-Peter (1996): *Regionaler Stoffhaushalt*, Heidelberg et al.

Bannas, Stephan (2003): *Faire Marktwirtschaft. Ein Modell zu NoLogo*, München

Banse, Gerhard/Kiepas, Andrzej (Hg.) (2005): *Nachhaltige Entwicklung: Von der wissenschaftlichen Forschung zur politischen Umsetzung*, Berlin

Baumann, Michael (2003): *Die zivilgesellschaftliche Komponente im Konzept »Global Governance« aus NGO-Sicht*. In: Kopfmüller (2003), S. 301–322

Bechmann, Gotthard/Grunwald, Armin (2002): *Experimentelle Politik und die Rolle der Wissenschaft in der Umsetzung von Nachhaltigkeit*. In: Brand (2002), S. 113–130.

Beck, Ulrich (1993): *Die Erfindung des Politischen*, Frankfurt a. Main

Beckerman, Wilfried (1974): *In Defence of Economic Growth*, London

Behrens, Torsten/Siebenhüner, Bernd (2004): *Nachhaltigkeit im Bedürfnisfeld Mobilität. Ergebnisse einer Expertenbefragung*. Forschungsgruppe »Gesellschaftliches Lernen und Nachhaltigkeit« (GELENA). Diskussionspapier Nr. 04–04, Oldenburg/Berlin

Bieker, Thomas/Dyllick, Thomas/Gminder, Carl-Ulrich/Hockerts, Kai (2001): *Management unternehmerischer Nachhaltigkeit mit einer Balanced Sustainability Scorecard*. Diskussionsbeitrag Nr. 94 des Instituts für Wirtschaft und Ökologie der Universität St. Gallen (IWÖ), St. Gallen

Bieker, Thomas/Gminder, Carl-Ulrich/Hamschmidt, Jost (Hg.) (2002): *Unter-*

nehmerische Nachhaltigkeit – auf dem Weg zu einem Sustainability Controlling. Diskussionsbeitrag Nr. 95 des IWÖ, St. Gallen

Bierter, Willy/von Winterfeld, Uta (Hg.) (1998): *Zukunft der Arbeit – welcher Arbeit?* Berlin et al.

Biesecker, Adelheid (2002): *Bürgerschaftliches Engagement – (k)ein Allheilmittel für Nachhaltigkeit.* In: Brand (2002), S. 131–144

Bievert, Bernd/Held, Martin (Hg.) (1996): *Die Dynamik des Geldes. Über den Zusammenhang von Geld, Wachstum und Natur,* Frankfurt/New York

Birnbacher, Dieter (1988): *Verantwortung für zukünftige Generationen,* Stuttgart

Blazejczak, Jürgen (Hg.) (1998): *Zukunftsgestaltung ohne Wirtschaftswachstum?* Deutsches Institut für Wirtschaftsforschung (DIW), Diskussionspapier Nr. 168, Berlin

BMBF – Bundesministerium für Bildung und Forschung (2004a): *Grund- und Strukturdaten 2003/2004,* Berlin

BMBF (2004b): *Forschung für die Nachhaltigkeit,* Berlin

BMF – Bundesministerium der Finanzen (2005): *Monatsbericht Mai 2005. Statistiken und Dokumentationen,* Berlin

BMGS – Bundesministerium für Gesundheit und Soziale Sicherung (Hg.) (2005): *Lebenslagen in Deutschland. Der 2. Armuts- und Reichtumsbericht der Bundesregierung,* Berlin

BMU – Bundesministerium für Umwelt, Naturschutz und Reaktorsicherheit (Hg.) (2000): *Erprobung der CSD-Nachhaltigkeitsindikatoren in Deutschland. Bericht der Bundesregierung,* Berlin

BMU (Hg.) (2003): *Leitlinien für eine nachhaltige Mobilität,* Berlin

BMU (2004a): *Atomkraft: Wiedergeburt eines Auslaufmodells? Themenpapier,* Berlin

BMU (Hg.) (2004b): *Umweltbewusstsein in Deutschland 2004,* Bonn

BMU/Umweltbundesamt (Hg.): *Handbuch Lokale Agenda 21. Wege zur nachhaltigen Entwicklung in den Kommunen,* Bonn

BMWA – Bundesministerium für Wirtschaft und Arbeit (2005): *Innovation und neue Energietechnologien. Das 5. Energieforschungsprogramm der Bundesregierung,* Berlin

BMZ – Bundesministerium für wirtschaftliche Zusammenarbeit (2005): *Zahlen und Fakten der deutschen Entwicklungszusammenarbeit,* Berlin (siehe www.bmz.de/de/zahlen/imDetail/index.html)

Brand, Karl-Werner (Hg.) (1997): *Nachhaltige Entwicklung. Eine Herausforderung an die Soziologie.* Opladen

Brand, Karl-Werner (2001): *Wollen wir was wir sollen? Plädoyer für einen dialogisch-partizipativen Diskurs über nachhaltige Entwicklung.* In: Fischer/Hahn (2001), S. 12–34

Brand, Karl-Werner (Hg.) (2002): *Politik der Nachhaltigkeit. Voraussetzungen, Probleme, Chancen – eine kritische Diskussion,* Berlin

Brand, Karl-Werner/Fürst, Volker (2002): *Sondierungsstudie. Voraussetzungen und Probleme einer Politik der Nachhaltigkeit – Eine Exploration des Forschungsfelds.* In: Brand (2002), S. 15–109

Brand, Ulrich/Brunnengräber, Achim/Schrader, Lutz/Stock, Christian/Wahl, Peter (2000): *Global Governance. Alternative zur neoliberalen Globalisierung?* Münster

Brickwede, Fritz/Peters, Ulrike (Hg.) (2002): *Umweltkommunikation – vom Wissen zum Handeln*, Berlin

Brock, Lothar (1998): *Staatenwelt, Weltgesellschaft und Demokratie*. In: Messner (1998), S. 44–73

Brown-Weiss, Edith (1989): *In Fairness to Future Generations. International Law, Common Patrimony and Intergenerational Equity*, New York

Brüggemann, Anne/Coenen, Reinhard/ Fleischer, Torsten/Karger, Cornelia (2001): *Gesellschaftliche Rahmenszenarien*. In: Grunwald et al. (2001), S. 127–140

BUND/Misereor (Hg.) (1996): *Zukunftsfähiges Deutschland. Ein Beitrag zu einer global nachhaltigen Entwicklung*, Basel

Bundesregierung (2002): *Perspektiven für Deutschland. Unsere Strategie für eine nachhaltige Entwicklung*, Berlin

Bundesregierung (2004a): *Perspektiven für Deutschland. Unsere Strategie für eine nachhaltige Entwicklung. Fortschrittsbericht 2004*, Berlin (siehe www.bundesregierung.de/Anlage740735/pdf_datei.pdf)

Bundesregierung (2004b): *EU-Nachhaltigkeitsstrategie. Stellungnahme der Regierung der Bundesrepublik Deutschland zum Konsultationsprozess 2004*, Berlin

Bundesregierung (2005): *Wegweiser Nachhaltigkeit 2005. Bilanz und Perspektiven*, Berlin (siehe www.dialog.nachhaltigkeit.de)

Busch-Lüty, Christiane (1995): *Nachhaltige Entwicklung als Leitmodell einer ökologischen Ökonomie*. In: Fritz et al. (1995), S. 115–126

Busch-Lüty, Christiane/Dürr, Hans-Peter (1993): *Ökonomie und Natur. Annäherung im interdisziplinären Dialog*. In: König, Heinz (1993), S. 13–44

Castells, Manuel (2001): *Der Aufstieg der Netzwerkgesellschaft. Teil 1 der Trilogie Das Informationszeitalter*, Opladen

CEQ (Council on Environmental Quality)/ U.S. State Department (Hg.) (1980): *The Global 2000 Report to the President*, Washington, D. C.

Clar, Günter/Doré, Johannes/Mohr, Hans (Hg.) (1997): *Humankapital und Wissen. Grundlagen einer nachhaltigen Entwicklung*, Berlin

Coenen, Reinhard/Klein-Vielhauer, Sigrid/ Meyer, Rolf (1996): *Integrierte Umwelttechnik – Chancen erkennen und nutzen*, Berlin

Coenen, Reinhard/Grunwald, Armin (Hg.) (2003): *Nachhaltigkeitsprobleme in Deutschland. Analyse und Lösungsstrategien*, Berlin

Compaine, Benjamin (2001): *The digital divide: facing a crisis or creating a myth?* Cambridge, Massachusetts

Daly, Herman (1990): *Towards Some Operational Principles of Sustainable Development*. Ecological Economics 2, S. 1–6

Daly, Herman (1991): *Steady-State Economics*. Second Edition with new essays. Washington, D. C.

Daly, Herman (1994): *Operationalizing Sustainable Development by Investing in Natural Capital*. In: Jansson et al. (1994), S. 22–37

Daly, Herman (1999): *Wirtschaft jenseits von Wachstum. Die Volkswirtschaftslehre nachhaltiger Entwicklung*, Salzburg

Daly, Herman/Cobb, Clifford (1991): *Der »Index of Sustainable Economic Welfare« oder: Hat die Wohlfahrt in der Gesellschaft wirklich zugenommen?* In: Diefenbacher/Habicht-Erenler (1991), S. 61–72 de Haan, Gerhard (2003): *Bildung als Voraussetzung für eine nachhaltige Entwicklung – Kriterien, Inhalte, Strukturen, Forschungsperspektiven.* In: Kopfmüller (2003), S. 93–112

Diefenbacher, Hans/Habicht-Erenler, Sabine (Hg.) (1991): *Wachstum und Wohlstand: neuere Konzepte zur Erfassung der Sozial- und Umweltverträglichkeit,* Marburg

Diefenbacher, Hans/Teichert, Volker/Wilhelmy, Stefan (2003): *Eco Taxes. Ecological Tax Reform as an Instrument for Sustainable Development,* Heidelberg

DIW – Deutsches Institut für Wirtschaftsforschung/WI – Wuppertal-Institut/WZB – Wissenschaftszentrum Berlin (Hg.) (2000): *Arbeit und Ökologie.* Projektabschlussbericht, Düsseldorf

Douthwaite, Richard (1996): *Short Circuit: Strenghtening Local Economies for Security in an Unstable World,* Dublin

Dyllick, Thomas (2002): *Unternehmerische Nachhaltigkeit: Anleitung für ein Leitbild.* In: Bieker et al. (2002), S. 5–10

Eberle, Ulrike/Brohmann, Bettina/Graulich, Kathrin/Grießhammer, Rainer (2004): *Nachhaltiger Konsum braucht Visionen.* Ein Positionspapier des Öko-Instituts, Freiburg et al.

Ebermann, Thomas/Hoelscher, Philipp/Matzak, Bernhard/Reimer, Sabine/Rindt, Susanne/Sprengel, Rainer/Graf Strachwitz, Rupert (2005): *Bürgerengagement und Zivilgesellschaft in Deutschland. Stand und Perspektiven.* Veröffentlichung des Maecenata Instituts für Philanthropie und Zivilgesellschaft der Humboldt-Universität Berlin

EC – European Commission (2000): *European Common Indicators* (siehe http://europa.eu.int/comm/environment/urban/common_indicators.htm)

EC (2001): *A Sustainable Europe for a Better World. A European Union Strategy for Sustainable Development.* COM (2001) 264 final, Brüssel

EC (2003): *Structural Indicators.* Communication from the Commission, COM (2003) 585 final, Brüssel

EC (2004): *National Sustainable Development Strategies in the European Union. A First Analysis.* Commission Staff Working Document, Brüssel

EC (2005): *Common Actions for Growth and Employment: the Community Lisbon Programme.* COM (2005) 330 final, Brüssel

EEAC – Network of European Environment and Sustainable Development Advisory Councils (2005): *Sustaining Sustainability. A Benchmark Study on National Strategies Towards Sustainable Development and the Impact of Councils in Nine EU Member States,* Den Haag

EKD/DBK – Rat der Evangelischen Kirche Deutschlands und Deutsche Bischofskonferenz (1997): *Für eine Zukunft in Solidarität und Gerechtigkeit.* Gemeinsames Wort des Rates der EKD und der DBK, Hannover/Bonn

EKD/DBK (1998): *Internationale Verschuldung – eine ethische Herausforderung.* Gemeinsames Wort des Rates der EKD und der DBK, Bonn/Hannover

EKD/DBK (2003): *Neuorientierung für eine nachhaltige Landwirtschaft,* Bonn/Hannover

Ekins, Paul (1993): *»Limits to Growth« and »Sustainable Development«: Grappling with Ecological Realities.* Ecological Economics, Vol. 8, S. 269–288

Emmrich, Rico/Melzer, Marieluise (2006): *Das integrative Nachhaltigkeitskonzept der HGF als Baustein der Bildung für eine Nachhaltige Entwicklung.* In: Kopfmüller (2006), im Erscheinen

Empacher, Claudia (2002): *Zielgruppenspezifische Potenziale und Barrieren für nachhaltigen Konsum. Ergebnisse einer sozial-ökologischen Konsumentenuntersuchung.* In: Scherhorn/ Weber (2002), S. 455–466

Enquete-Kommission des 12. Deutschen Bundestages »Schutz des Menschen und der Umwelt« (1994): *Die Industriegesellschaft gestalten. Perspektiven für einen nachhaltigen Umgang mit Stoff- und Materialströmen,* Bonn

Enquete-Kommission des 13. Deutschen Bundestags »Schutz des Menschen und der Umwelt« (1998): *Konzept Nachhaltigkeit. Vom Leitbild zur Umsetzung.* Abschlussbericht. Bundestagsdrucksache 13/11200, Bonn

Enquete-Kommission des 14. Deutschen Bundestags »Globalisierung der Weltwirtschaft« (2002): *Endbericht.* BT-Drucksache 14/2350, Berlin

Enquete-Kommission des 14. Deutschen Bundestags »Nachhaltige Energieversorgung unter den Bedingungen der Globalisierung und der Liberalisierung« (2002): *Endbericht.* BT-Drucksache 14/9400, Berlin

Enquete-Kommission des 14. Deutschen Bundestags »Zukunft des bürgerschaftlichen Engagements« (2002): *Bürgerschaftliches Engagement: auf dem Weg in eine zukunftsfähige Bürgergesellschaft.* Endbericht. BT-Drucksache 14/8900, Berlin

EU-Kommission (2004): *Öffentliche Konsultation. Überprüfung der EU-Strategie für nachhaltige Entwicklung.* Arbeitsdokument der Kommissionsdienststellen. SEC(2004) 1042, Brüssel

FAO – Food and Agriculture Organization (1996): *Rome Declaration on World Food Security,* World Food Summit 1996, Rome

Fischer, Andreas/Hahn, Gabriela (Hg.) (2001): *Vom schwierigen Vergnügen einer Kommunikation über die Idee der Nachhaltigkeit,* Frankfurt a. Main

Fischer-Kowalski, Marina/Madlener, Reinhard/Payer, Harald/Pfeffer, Thomas/ Schandl, Heinz (1995): *Soziale Anforderungen an eine nachhaltige Entwicklung.* Schriftenreihe Soziale Ökologie des Instituts für Interdisziplinäre Forschung und Fortbildung der Universitäten Innsbruck, Klagenfurt und Wien; Bd. 42, Wien

Fleischer, Torsten/Grunwald, Armin (2002): *Technikgestaltung für mehr Nachhaltigkeit – Anforderungen an die Technikfolgenabschätzung.* In: Grunwald (2002a), S. 95–146

Fritz, Peter/Huber, Joseph/Levi, Hans (Hg.) (1995): *Nachhaltigkeit in naturwissenschaftlicher und sozialwissenschaftlicher Perspektive,* Stuttgart

Fues, Thomas (1998): *Das Indikatorenprogramm der UN-Kommission für nachhaltige Entwicklung,* Frankfurt a. Main

Funtowicz, Silvio/Ravetz, Jerome (1993): *Science for the Post-Normal Age.* Futures 25, S. 739–755

Fussler, Claude (1999): *Die Öko-Innovation,* Stuttgart et al.

Gehrlein, Ulrich (2004): *Nachhaltigkeitsindikatoren zur Steuerung kommunaler Entwicklung,* Wiesbaden

Georgescu-Roegen, Nicolas (1971): *The Entropy Law and the Economic Process,* Cambridge/Mass.

Gerken, Lüder (Hg.) (1996): *Ordnungspolitische Grundfragen einer Politik der Nachhaltigkeit*, Baden-Baden

Gerlagh, Reyer/Dellink, Rob/Hofkes, Marjan/Verbruggen, Harmen (2002): *A Measure of Sustainable National Income for the Netherlands*. Ecological Economics, Vol. 41, S. 157–174

GESIS – Gesellschaft sozialwissenschaftlicher Infrastruktureinrichtungen (2001). *System Sozialer Indikatoren* (siehe www.social-science-gesis.de/Dauerbeobachtung/Daten/System_Sozialer_Indikatoren/)

Gethmann, Carl Friedrich/Lingner, Stephan (Hg.) (2002): *Integrative Modellierung zum Globalen Wandel*, Berlin et al.

Gethmann, Carl-Friedrich/Kamp, Georg (2001): *Gradierung und Diskontierung von Verbindlichkeiten bei der Langzeitverpflichtung*. In: Mittelstraß, Jürgen (Hg.): Die Zukunft des Wissens. Berlin, S. 281–295

Göll, Edgar/Thio, Sie Liong (2004): *Nachhaltigkeitspolitik in EU-Staaten*, Baden-Baden

Gorz, André (1998): *Jenseits der Erwerbsarbeit. Die gesellschaftliche Anerkennung einer veränderten Wirklichkeit tut not*. Politische Ökologie, Heft 54, S. 50–54

Gosewinkel, Dieter/Rucht, Dieter/van den Daela, Wolfgang/Kocka, Jürgen (Hg.) (2004): *Zivilgesellschaft – national und transnational*, Berlin

GRI – Global Reporting Initiative (2002): *Sustainability Reporting Guidelines*, Boston

Grunwald, Armin (Hg.) (2002a): *Technikgestaltung für eine nachhaltige Entwicklung. Von der Konzeption zur Umsetzung*, Berlin

Grunwald, Armin (2002b): *Technikfolgenabschätzung – eine Einführung*, Berlin

Grunwald, Armin (2004): *Strategic knowledge for sustainable development*. International Journal of Foresight and Innovation Policy 1(2004)1/2, S. 150–167

Grunwald, Armin/Coenen, Reinhard/Nitsch, Joachim/Sydow, Achim/Wiedemann, Peter (Hg.) (2001): *Forschungswerkstatt Nachhaltigkeit. Wege zur Diagnose und Therapie von Nachhaltigkeitsdefiziten*, Berlin

Haag, Daniel/Maschonat, Gunda (2001): *Paradigmen zur Repräsentation und zum Management komplexer Systeme: Simulationsmodelle und neue Formen der Wissensproduktion*. Diskussionspapier des Instituts für Bodenkunde und Standortslehre der Universität Hohenheim, Stuttgart

Habermas, Jürgen (1985): *Die neue Unübersichtlichkeit*, Frankfurt a. Main

Hagedorn, Friedrich/Meyer, Heinz/Braun, Marie-Luise/Henning, Michael (2004): TV-Medien und Nachhaltigkeit. Hg. vom Adolf Grimme-Institut, Berlin (siehe www.nachhaltigkeitsrat.de/dokumente/publikationen)

Hake, Jürgen-Friedrich/Eich, Regina (2005): *Anforderungen an eine in die Zukunft gerichtete Energieforschung*. Energiewirtschaftliche Tagesfragen, Vol. 55, Nr. 1/2, S. 8–12

Halbritter, Günter/Bräutigam, Rainer/Fleischer, Torsten/Fulda, Ekkehard/Georgiewa, Daniela/Klein-Vielhauer, Sigrid/Kupsch, Christel (2002): *Verkehr in Ballungsräumen. Mögliche Beiträge von Telematiktechniken und -diensten für einen effizienteren und umweltverträglicheren Verkehr*, Berlin

Hampicke, Ulrich (1992): *Ökologische Ökonomie. Individuum und Natur in der Neoklassik*, Opladen

Harborth, Hans-Jürgen (1991): *Dauerhafte Entwicklung statt globaler Umweltzerstörung*, Berlin

Hart, Maureen (1999): *Sustainable Community Indicators*. Second Edition. Hart Environmental Data, North Andover

Hassan, Asma/Cajee, Zeinoul (2002): *Islam, Muslims and Sustainable Development: The Message from Johannesburg 2002* (siehe www.imase. org)

Hauff, Volker (2004): *Geschäftsfeld oder Luxus: Unternehmensengagement für nachhaltige Entwicklung*. Vortrag, 1. Oktober 2004, Hamburg

Hauff, Volker (Hg.) (1987): *Unsere gemeinsame Zukunft. Der Brundtland-Bericht der Weltkommission für Umwelt und Entwicklung*, Greven

Heins, Bernd (1998): *Soziale Nachhaltigkeit*, Berlin

Hemmati, Minu/Gardiner, Rosalie (2002): *Gender and Sustainable Development. A Briefing Paper*. Heinrich-Böll-Stiftung, Berlin

Hengsbach, Friedrich (2000): *Globalisierung – eine wirtschaftsethische Reflexion*. Aus Politik und Zeitgeschichte B 33–34, S. 41–48

Hennen, Leonhard/Krings, Bettina (2000): *Forschungs- und Technologiepolitik für eine nachhaltige Entwicklung*. Büro für Technikfolgen-Abschätzung beim Deutschen Bundestag, Arbeitsbericht Nr. 58, Berlin

Hennen, Leonhard/Sauter, Arnold (Hg.) (2005): Risikoregulierung bei unsicherem Wissen. Büro für Technikfolgen-Abschätzung beim Deutschen Bundestag, Diskussionspapier Nr. 11, Berlin

Hey, Christian/Schleicher-Tappeser, Ruggero (1998): *Nachhaltigkeit trotz Globalisierung. Handlungsspielräume auf regionaler, nationaler und europäischer Ebene*, Berlin et al.

Hiessl, Harald (2005): *Wassertechnologien für eine nachhaltige Zukunft*. In: Mappus (2005), S. 140–172

Hildebrandt, Eckart (2003): *Arbeit und Nachhaltigkeit. Wie geht das zusammen?* In: Linne/Schwarz (2003), S. 381–393

Hinterberger, Friedrich/Luks, Fred/ Schmidt-Bleek, Friedrich (1997): *Material Flows vs. »Natural Capital«: What Makes an Economy Sustainable*? Ecological Economics, Vol. 23, Nr. 1, S. 1–14

Hinterberger, Friedrich/Zacherl, Renata (2003): *Ways Towards Sustainability in the European Union*, Wien

Hirsch, Fred (1976): *Die sozialen Grenzen des Wachstums. Eine ökonomische Analyse der Wachstumskrise*, Reinbek

Homann, Karl (1996): *Sustainability: Politikvorgabe oder regulative Idee?* In: Gerken (1996), S. 33–47

Höpfner, Ulrich/Lambrecht, Udo/Pehnt, Martin (2002): *Alternative Antriebe und Kraftstoffe – Notwendigkeit und Realisierung*. In: Grunwald (2002a), S. 343–362

Höreth, Marcus (2001): *Nachhaltiges Regieren in der Europäischen Union?* Forschungsgutachten, Jülich (siehe www.fz-juelich.de/ste/datapool/pdf/Abschlussbericht-Hoereth.pdf)

Huber, Joseph (1995): *Nachhaltige Entwicklung. Strategie für eine ökologische und soziale Erdpolitik*, Berlin

Huntington, Samuel (1998): *The Clash of Civilizations and the Remaking of World Order*, New York

ICLEI – International Council for Local Environmental Initiatives (2003): *Triennial Report* , Toronto

IEA – International Energy Agency (2005): *Key World Energy Statistics*, Paris

IISD – International Institute for Sustainable Development (2002): *Compendium of Sustainable Development Indicator Initiatives*, Winnipeg

ILO – International Labour Organization (2004): *World Employment Report 2004–05*, Genf

Islamic Conference (2002): *Islamic Declaration on Sustainable Development.* Background Paper No. 5, World Summit on Sustainable Development, Johannesburg

IUCN – International Union for the Conservation of Nature/UNEP – United Nations Environmental Programme/WWF – World Wildlife Fund (1980): *The World Conservation Strategy: Living Resource Conservation for Sustainable Development*, Gland

Jahn, Thomas (2003): *Sozial-ökologische Forschung – Ein neuer Forschungstyp in der Nachhaltigkeitsforschung*, Opladen

Jamison, Andrew/Rohracher, Harald (Hg.) (2002): *Technological Studies und Sustainable Development*, München, Wien

Jansson, Ann/Hammer, Monika/Folke, Carl/Costanza, Robert (Hg.) (1994): *Investing in Natural Capital. The Ecological Economics Approach to Sustainability*, Washington D.C.

Johannes Paul II. (1979): *Enzyklika Redemptor hominis*, Rom

Jonas, Hans (1979): *Das Prinzip Verantwortung*, Frankfurt a. Main

Jörissen, Juliane/Coenen, Reinhard (2006): *Reduzierung der Flächeninanspruchnahme – Ziele, Instrumente, Wirkungen.* Büro für Technikfolgen-Abschätzung beim Deutschen Bundestag, Berlin

Jörissen, Juliane/Coenen, Reinhard/Stelzer, Volker (2005): *Zukunftsfähiges Wohnen und Bauen. Herausforderungen, Defizite, Strategien*, Berlin

Kates, Robert et al. (2002): *Sustainability Science.* Science 292, S. 641–642.

Kemfert, Claudia/Schumacher, Katja (2005): *Klimaschutz im deutschen Strommarkt: Chancen für Kohletechnologien durch CO2-Abscheidung und -Speicherung?* DIW-Wochenbericht, Nr. 16, S. 243–248

Klaphake, Axel (2003): *Wasser als eine Schlüsselressource für nachhaltige Entwicklung.* In: Kopfmüller (2003), S. 149–174

Klauer, Bernd (1998): *Nachhaltigkeit und Naturbewertung. Welchen Beitrag kann das ökonomische Konzept der Preise zur Operationalisierung von Nachhaltigkeit leisten?* Heidelberg

Klemmer, Paul/Becker-Soest, Dorothee/Wink, Rüdiger (1998): *Leitstrahlen, Leitbilder und Leitplanken – Ein Orientierungsfaden für die drei großen »L« der Nachhaltigkeitspolitik.* In: Renner/Hinterberger (1998), S. 45–71

Klenner, Karsten/Wehrspaun, Michael (2001): *Jenseits von Wohlstand und Angst. Anmerkungen zu Stellenwert und Problematik der Umweltkommunikation.* In: Fischer/Hahn (2001), S. 100–121

Klepper, Gernot (1999): *Wachstum und Umwelt aus der Sicht der neoklassischen Ökonomie.* Jahrbuch Ökologische Ökonomik, Bd. 1, Marburg, S. 291–317

Klepper, Gernot (2002): *Nachhaltigkeit und technischer Fortschritt – Die Perspektive der neoklassischen Ökonomie.* In: Grunwald (2002a), S. 21–36

Knaus, Anja/Renn, Ortwin (1998): *Den Gipfel vor Augen. Unterwegs in eine nachhaltige Zukunft*, Marburg

König, Heinz (Hg.) (1993): *Umweltverträgliches Wirtschaften als Problem von Wissenschaft und Politik*, Berlin

Kopfmüller, Jürgen (Hg.) (2003): *Den globalen Wandel gestalten. Forschung und Politik für einen nachhaltigen globalen Wandel*, Berlin

Kopfmüller, Jürgen (Hg.) (2006): *Das integrative Konzept nachhaltiger Entwicklung in der Forschungspraxis*, Berlin

Kopfmüller, Jürgen/Brandl, Volker/Jörissen, Juliane/Paetau, Michael/Banse, Gerhard/Coenen, Reinhard/Grunwald, Armin (2001): *Nachhaltige Entwicklung integrativ betrachtet. Konstitutive Elemente, Regeln, Indikatoren*, Berlin.

Kopfmüller, Jürgen/Coenen, Reinhard/Jörissen, Juliane/Langniß, Ole/Nitsch, Joachim (2000): *Konkretisierung und Operationalisierung des Leitbildes einer nachhaltigen Entwicklung für den Energiebereich*. Wissenschaftliche Berichte des Forschungszentrums Karlsruhe, Nr. 6578, Karlsruhe

Kopfmüller, Jürgen/Luks, Fred (2003/2004): *Die deutsche Nachhaltigkeitsstrategie. Eine Kritik aus integrativer Perspektive*. Zeitschrift für Angewandte Umweltforschung, Vol. 15/16, Nr. 1, S. 16–43

Kopinke, Frank-Dieter/Mackenzie, Katrin/Köhler, Robert/Georgi, Anett/Roland, Ulf (2002): *Konzepte zur Grundwasserreinigung*. In: Grunwald (2002a), S. 317–342

Korff, Wilhelm (1993): *Ethische Probleme einer Weltwirtschaftsordnung*. Aus Politik und Zeitgeschichte, Nr. B 50, S. 3–12

Kovach, Hetty/Neligan, Caroline/Burall, Simon (2003): *Power Without Accountability? The Global Accountability Report 2003*, London

Kuik, Onno/Verbruggen, Harmen (Hg.) (1991): *In Search of Indicators of Sustainable Development*, Dordrecht et al.

Küng, Hans (1990): *Projekt Weltethos*, München

Küppersbusch, Friedrich (2003): *Nachhaltigkeit als Medienthema. Nur als Ausnahme von der Regel?* Politische Ökologie 91–92, S. 100–102.

Lange, Joachim/Bizer, Kilian (Hg.) (2004): *Um-Steuern! Die Reform des Steuer- und Abgabensystems*. Loccumer Protokolle 25/04, Loccum

Lebensministerium – Österreichisches Bundesministerium für Land- und Forstwirtschaft, Umwelt und Wasserwirtschaft (2002): *Österreichs Zukunft nachhaltig gestalten. Die Österreichische Strategie zur nachhaltigen Entwicklung*, Wien

Lehn, Helmut/Steiner, Magdalena/Mohr, Hans (1996): *Wasser, die elementare Ressource – Leitlinien einer nachhaltigen Nutzung*, Heidelberg

Leipert, Christian (1991): *Die andere Seite der Wachstumsmedaille: Ökologische und soziale Folgekosten des Wirtschaftens in der Industriegesellschaft*. In: Diefenbacher/Habicht-Erenler (1991), S. 21–41

Leitschuh-Fecht, Heike/Steger, Ulrich (2003): *Wie wird Nachhaltigkeit für Unternehmen attraktiv?* In: Linne/Schwarz (2003), S. 257–266

Liedke, Christa/Rohn, Holger (2003): *System Nachhaltiges Wirtschaften. Ein Wohlstands- und Wettbewerbsfaktor*? In: Linne/Schwarz (2003), S. 587–601

Linne, Gudrun/Schwarz, Michael (Hg.) (2003): *Handbuch Nachhaltige Entwicklung. Wie ist nachhaltiges Wirtschaften machbar?* Opladen

Linz, Manfred/Bartelmus, Peter/Hennicke, Peter/Jungkeit, Renate/Sachs, Wolfgang/Scherhorn, Gerhard/Wilke, Georg/von Winterfeld, Uta (2002): *Von nichts zu viel. Suffizienz gehört zur Nachhaltigkeit.* Wuppertal Papers Nr. 125, Wuppertal

Litsch, Franz-Johannes (2000): *Der Beitrag des Buddhismus zum Schutz der Mitwelt.* (siehe www. buddhanetz. org/texte/ natur. htm, 9.6.2005)

Loew, Thomas/Ankele, Kathrin/Braun, Sabine/Clausen, Jens (2004): *Bedeutung der CSR-Diskussion für Nachhaltigkeit und die Anforderungen an Unternehmen*, Berlin

Loew, Thomas/Clausen, Jens/Westermann, Udo (2005): *Nachhaltigkeitsberichterstattung in Deutschland. Ergebnisse und Trends im Ranking 2005*, Berlin

Lohrie, Achim (2001): *Standard für soziale Verantwortung. Erfahrungen mit dem SA 8000.* Ökologisches Wirtschaften, Nr. 1, S. 13–14

Luhmann, Niklas (1989): *Politische Steuerung: Ein Diskussionsbeitrag.* Politische Vierteljahresschrift, J. 30, Nr. 1, S. 4–9

Luks, Fred (2000): *Die Zukunft des Wachstums. Theoriegeschichte, Nachhaltigkeit und die Perspektiven einer neuen Wirtschaft*, Marburg

Luks, Fred (2002): *Postmoderne Umweltpolitik? Sustainable Development, Steady State und die »Entmachtung der Ökonomik«*, Marburg

Majer, Helge (Hg.) (1984): *Qualitatives Wachstum. Eine Einführung in Konzeptionen der Lebensqualität*, Frankfurt a. Main

Mappus, Stefan (Hg.) (2005): *Erde 2.0 – Technologische Innovationen als Chance für eine nachhaltige Entwicklung?* Berlin et al.

Martens, Jens (2005): *UN-Reform und Milleniumsziele 2005. Chancen für neue Initiativen zur Entwicklungsfinanzierung und Global Governance?* Global Issue Papers, No. 16 der Heinrich Böll Stiftung, Berlin

Meadows, Dennis/Meadows, Donella/Milling, Peter/Zahn, Erich (1973): *Die Grenzen des Wachstums.* Bericht des Club of Rome zur Lage der Menschheit. Reinbek bei Hamburg

Messner, Dirk (2003): *Das »Global-Governance«-Konzept. Genese, Kernelemente und Forschungsperspektiven.* In: Kopfmüller (2003), S. 243–267

Messner, Dirk (Hg.) (1998): *Die Zukunft des Staates und der Politik.* Texte der Stiftung Entwicklung und Frieden, Bonn

Michelsen, Gerd/Godemann, Jasmin (Hg.) (2005): *Handbuch Nachhaltigkeitskommunikation.* Grundlagen und Praxis, München

Milch, Isabella (2003): *Klimaschutz und Energieversorgung. Kernfusion – Stand und Perspektiven.* Elektrizitätswirtschaft, Vol. 102, Nr. 21, S. 48–51

MillenniumProject (2005): *Investing in Development. A Practical Plan to Achieve the Millennium Development Goals.* Report to the UN Secretary-General, New York

Minsch, Jürg/Feindt, Peter/Meister, Hans-Peter/Schneidewind, Uwe/Schulz, Tobias (1998): *Institutionelle Reformen für eine Politik der Nachhaltigkeit*, Berlin et al.

Mishan, Ezra (1967/1979): *The Costs of Economic Growth*, Harmondsworth

Mohr, Hans (1997): *Wissen als Humanressource.* In: Clar et al. (1997), S. 13–27

Morosini, Marco/Schneider, Caroline/Kochte-Clemens, Barbara/Losert, Christine/Waclawski, Nicole/Ballschmitter, Karlheinz (2001): *Umweltindikatoren. Grundlagen, Methodik, Relevanz, Bd. 1*, Stuttgart

Müller-Christ, Georg/Hülsmann, Michael (2003): *Erfolgsbegriff eines nachhaltigen Managements*. In: Linne/Schwarz (2003), S. 245–256

Nill, Jan (2003): *Divergente Dynamiken. EU-Osterweiterung und Nachhaltigkeit aus ökonomischer Sicht*. Ökologisches Wirtschaften, Nr. 1, S. 16–17

Nischwitz, Guido/Molitor, Reimar/Rohne, Silvia (2001): *Local and Regional Governance für eine nachhaltige Entwicklung*. Studie im Auftrag des BMBF. Abschlussbericht, Wuppertal/Berlin

Nohlen, Dieter (Hg.) (2001): *Kleines Lexikon der Politik*, München

Nowotny, Helga (1997): *Transdisziplinäre Wissensproduktion – eine Antwort auf die Wissensexplosion*? In: Stadler (1997), S. 177–195

Nuscheler, Franz (2000): *Kritik an der Kritik am Global-Governance-Konzept*. Prokla, Vol. 30, Nr. 1, S. 151–156

Nutzinger, Hans (1995): *Nachhaltige Entwicklung und Energieversorgung*, Marburg

O'Riordan, Tim (1993): *The Politics of Sustainability*. In: Turner (1993), S. 37–69

OECD – Organization for Economic Cooperation and Development (1997): *Towards Sustainable Transportation*, Paris

OECD (1998): *Towards Sustainable Development. Environmental Indicators*, Paris

OECD (2001a): *Sustainable Development Strategies*. Policy Brief, Paris

OECD (2001b): *Lernen für das Leben. Erste Ergebnisse der internationalen Schulleistungsstudie PISA 2000*, Paris

Olson, Mancur (1978): *Die Logik des kollektiven Handelns*, Tübingen

Opschoor, Hans/Reijnders, Lucas (1991): *Towards Sustainable Development Indicators*. In: Kuik/Verbruggen (1991), S. 7–27

Ott, Konrad/Döring, Ralf (2004): *Theorie und Praxis starker Nachhaltigkeit*, Marburg

Otto, Birgit/Siedler, Thomas (2003): *Armut in West- und Ostdeutschland – Ein differenzierter Vergleich*. DIW-Wochenbericht, 4/2003, S. 61–66

Oxford Commission on Sustainable Consumption (2004): *Report*, Oxford

Paarlberg, Robert (2002): *Governance and Food Security in an Age of Globalization*. http://www.ifpri.org/2020/dp/2020dp36.pdf, 13.10.2005

Parris, Thomas/Kates, Robert (2003): *Characterizing and Measuring Sustainable Development*. Annual Review of Environment and Resources, Vol. 28, S. 559–586

Pearce, David/Turner, R. Kerry (1990): *Economics of Natural Resources and the Environment*, London

Petschow, Ulrich/Hübner, Kurt/Dröge, Susanne/Meyerhoff, Jürgen (1998): *Nachhaltigkeit und Globalisierung. Herausforderungen und Handlungsansätze*, Berlin et al.

Rammel, Christian/Hinterberger, Friedrich/Bechtold, Ulrike (2004): *Governing Sustainable Development. A Co-Evolutionary Perspective on Transitions and Change*. GoSD Working Paper No. 1, Wien

Reisch, Lucia (2004): *Nachhaltiger Konsum: Aufgabe der »Neuen Verbraucherpolitik«*. Artec-Paper Nr. 120, Bremen

Renn, Ortwin/León, Christian/Clar, Günter (2000): *Nachhaltige Entwicklung in Baden-Württemberg. Statusbericht 2000.* Arbeitsbericht der Akademie für Technikfolgenabschätzung in Baden-Württemberg Nr. 173, Stuttgart

Renner, Andreas/Hinterberger, Friedrich (Hg.) (1998): *Zukunftsfähigkeit und Neoliberalismus. Zur Vereinbarkeit von Umweltschutz und Wettbewerbswirtschaft*, Baden-Baden

Reusswig, Fritz (1994): *Lebensstile und Ökologie. Gesellschaftliche Pluralisierung und alltagsökologische Entwicklung unter besonderer Berücksichtigung des Energiebereichs*, Frankfurt a. Main

Reusswig, Fritz (1997): *Nicht-nachhaltige Entwicklungen. Zur interdisziplinären Beschreibung von Syndromen des Globalen Wandels.* In: Brand (1997), S. 71–90

Reusswig, Fritz/Lass, Wiebke (2001): *Für eine Politik der differentiellen Kommunikation.* In: Fischer/Hahn, S. 150–174

Richter, Wolfgang (1994): *Monetäre Makroindikatoren für eine nachhaltige Umweltnutzung. Eine Diskussion theoretischer und praktischer Aspekte des Ökosozialproduktkonzeptes*, Marburg

RNE – Rat für Nachhaltige Entwicklung (2002a): *Der nachhaltige Warenkorb – eine Hilfestellung für den nachhaltigen Konsum.* Kurzstudie, erstellt vom IMUG – Institut für Markt-Umwelt-Gesellschaft, Berlin/Hannover

RNE (2002b): *Kultur und Nachhaltigkeit.* Thesenpapier, Berlin

RNE (2004): *Effizienz und Energieforschung als Bausteine einer konsistenten Energiepolitik.* Empfehlungen des Rates an die Bundesregierung. Texte Nr. 14, Berlin

RNE (2005): *Welt ohne Nachhaltigkeitspolitik. Zum Review der UN-Millenniumsziele in der UN-Generalversammlung 2005*, Berlin

Rösch, Christine/Backhaus, Robert/Meyer, Burghard (2002): *Nachhaltige Landwirtschaft in Betrieb und Landschaft.* In: Grunwald (2002a), S. 209–244

Rothschild, Kurt (1998): *Nullwachstum und Beschäftigung.* In: Blazejczak (1998), S. 25–30

Rychen, Dominique/Salganik, Laura. (Hg.) (2003): *Key Competencies for a successful life and a well-functioning society*, Göttingen

Saiger, Helmut (1998): *Die Zukunft der Arbeit liegt nicht im Beruf. Neue Beschäftigungs- und Lebensmodelle*, München

Salleh, Muhammad Syukri (1995): *A Model of Sustainable Development in Comparative Islamic Framework.* In: Salleh, Muhammad Syukri (Hg.): Islamic Development Studies, Kuala Lumpur

Schäfers, Bernhard/Zapf, Wilhelm (Hg.) (2001): *Handwörterbuch zur Gesellschaft Deutschlands*, Opladen

Schaltegger, Stefan/Herzig, Christian/Kleiber, Oliver/Müller, Jan (2002): *Nachhaltigkeitsmanagement in Unternehmen. Konzepte und Instrumente zur nachhaltigen Unternehmensentwicklung.* Studie des Center for Sustainability Management (CSM), Lüneburg

Schellnhuber, Hans-Joachim (1998): *Earth Systems Analysis – The Scope of the Challenge.* In: Schellnhuber/Wenzel (1998), S. 3–195

Schellnhuber, Hans-Joachim/Wenzel, Volker (Hg.) (1998): *Earth Systems Analysis. Integrating Science for Sustainability*, Berlin et al.

Scherhorn, Gerhard/Reisch, Lucia/Schrödl, Sabine (1997): *Wege zu nachhaltigen Konsummustern. Überblick über den Stand der Forschung und vorrangige Forschungsthemen*, Marburg

Scherhorn, Gerhard/Weber, Christoph (Hg.) (2002): *Nachhaltiger Konsum. Auf dem Weg zur gesellschaftlichen Verankerung*, München

Schneider, Norbert (1999): *Konsum und Gesellschaft*. In: Rosenkranz, Doris/ Schneider, Norbert (Hg.): *Konsum. Soziologische, ökonomische und psychologische Perspektiven*, Opladen, S. 9–22

Schomberg, Rene von (2005): *Die normativen Dimensionen des Vorsorgeprinzips*. In: Hennen/Sauter (2005), S. 91–118

Schön, Susanne/Keppler, Dorothee/Geißel, Brigitte (2002): *Gender und Nachhaltigkeit. Sondierung eines unübersichtlichen Forschungsfeldes*. Zentrum Technik und Gesellschaft der TU Berlin, Discussion Paper Nr. 01/02

Schrader, Ulf/Hansen, Ursula (Hg.) (2001): *Nachhaltiger Konsum. Forschung und Praxis im Dialog*, Frankfurt a. Main

Schröder, Michael (2005): *Is there a Difference? The Performance Characteristics of Socially Responsible Investment Equity Indexes*. Zentrum für Europäische Wirtschaftsforschung (ZEW), Discussion Paper No. 05–50, Mannheim

Schuhmacher, Ernst (1974): *Es geht auch anders: Jenseits des Wachstums. Technik und Wirtschaft nach Menschenmaß*, München

Schweizerischer Bundesrat (2002): *Strategie Nachhaltige Entwicklung 2002*, Bern

Sen, Amartya (1998): *Ausgrenzung und Politische Ökonomie*. Zeitschrift für Sozialreform, Vol. 44, Nr. 4–6, S. 234–247

Sen, Amartya (2000): *Ökonomie für den Menschen. Wege zur Gerechtigkeit und Solidarität in der Marktwirtschaft*, München

Serageldin, Ismael/Steer, Andrew (1994): *Epilogue: Expanding the Capital Stock*. In: Serageldin/Steer (1994), S. 30–32

Serageldin, Ismael/Steer, Andrew (Hg.) (1994): *Making Development Sustainable*. World Bank Environmentally Sustainable Development Occasional Paper Series No. 2, Washington, D. C.

Siebenhüner, Bernd (2004): *Nachhaltigkeit und kollektive Lernprozesse. Disziplinübergreifende Perspektiven auf staatliche und nicht-staatliche Akteure*, Oldenburg

Smith, Adam (1999): *Der Wohlstand der Nationen*. Vollständige Ausgabe nach der 5. Auflage London 1789, München

Spada, Hans (2002): *Risikowahrnehmung*. In: Ministerium für Umwelt und Verkehr Baden-Württemberg (Hg.): Kommunikation über Umweltrisiken zwischen Verharmlosung und Dramatisierung. Stuttgart/Leipzig, S. 21–32

Spangenberg, Joachim (1998): *Utopische Ziele, konkrete Schritte. Leitplanken für ein nachhaltiges Arbeiten*. Politische Ökologie, Heft 54, S. 41–44

Spangenberg, Joachim (2003) (Hg.): *Vision 2020. Arbeit, Umwelt, Gerechtigkeit – Strategien für ein zukunftsfähiges Deutschland*, München

Spangenberg, Joachim (2004): *Nie waren sie so wichtig wie heute. Zum Wert von Nachhaltigkeitsindikatoren*. Ökologisches Wirtschaften, Nr. 5, S. 27–28

Spangenberg, Joachim (2006): *Nachhaltigkeitsdiskurse: Das HGF-Konzept als Verständigungsbasis benutzen.* In: Kopfmüller (2006) (im Erscheinen)

SRU – Sachverständigenrat für Umweltfragen (1994): *Umweltgutachten 1994. Für eine dauerhaft-umweltgerechte Entwicklung*, Stuttgart, Mainz

SRU (1998): *Umweltgutachten 1998. Umweltschutz: Erreichtes sichern – neue Wege gehen*, Stuttgart

SRU (2005a): *Umwelt und Straßenverkehr. Hohe Mobilität – umweltverträglicher V*erkehr. Sondergutachten, Berlin

SRU (2005b): *Feinstaub durch Straßenverkehr – Bundespolitischer Handlungsbedarf.* Stellungnahme, Berlin

SRZG – Stiftung für die Rechte zukünftiger Generationen (Hg.) (2003): *Handbuch Generationengerechtigkeit*, München

Stadler, Friedrich (Hg.) (1997): *Wissenschaft als Kultur*, Wien/New York

Statistisches Bundesamt (2004): *Statistisches Jahrbuch 2004 für die Bundesrepublik Deutschland*, Wiesbaden

Steiner, Magdalena/Lehn, Helmut (1999): *Towards the Sustainable Use of Water: A Regional Approach for Baden-Wuerttemberg, Germany.* Water Resources Development, Vol. 15, No. 3, S. 277–290

Steurer, Reinhard (2002): *Der Wachstumsdiskurs in Wissenschaft und Politik. Von der Wachstumseuphorie über »Grenzen des Wachstums« zur Nachhaltigkeit*, Berlin

Teichert, Volker/Diefenbacher, Hans/Dümig, Dorothee/Wilhelmy, Stefan (2002): *Indikatoren zur Lokalen Agenda 21 – Ein Modellprojekt in 16 Kommunen*, Opladen

Turner, R. Kerry (Hg.) (1993): *Sustainable Environmental Economics and Management. Principles and Practice*, Chichester

UK Government (1999): *A Better Quality of Life. A Strategy for Sustainable Development for the UK*, London

Umweltbundesamt (1997): *Nachhaltiges Deutschland. Wege zu einer dauerhaft umweltgerechten Entwicklung*, Berlin

Umweltbundesamt (2002): *Nachhaltige Entwicklung in Deutschland. Die Zukunft dauerhaft umweltgerecht gestalten*, Berlin

UN – United Nations (1992): *Report of the United Nations Conference on Environment and Development.* A/CONf. 151/26 (Vol. I-III), New York

UN (2001): *Indicators of Sustainable Development: Guidelines and Methodologies*, New York

UN (2005): *The Millennium Development Goals Report 2005*, New York

UN Commission on Global Governance (1995): *Our Global Neighbourhood*, Cambridge

UNCSD – United Nations Commission on Sustainable Development (1998): *Consumer Protection: Guidelines for Sustainable Consumption.* Report of the Secretary-General. E/CN.17/1998/5, New York

UNCSD (2002): *Second Local Agenda 21 Survey.* Background Paper No. 15. Submitted by ICLEI, New York

UNDP – United Nations Development Programme (2004): *Human Development Report*, New York

UNEP – United Nations Environmental Programme (2002): *Sustainable Consumption. A Global Status Report.* UNEP Division of Technology, Industry and Economics, Paris

UNESCO (2004): *Hamburger Erklärung zu Dekade der Bildung* (siehe www.dekade.org/hintergrundmaterial/)

Wackernagel, Mathis/Rees, William (1997): *Unser ökologischer Fußabdruck. Wie der Mensch Einfluss auf die Umwelt nimmt*, Basel et al.

Wahl, Stefan/Frings, Susanne/Hermann, Fabian/Nerb, Josef/Spada, Hans (2001): *So ein Ärger! – Die Rezeption von Zeitungsmeldungen über Umweltprobleme*. Medienpsychologie 12, S. 223–241

Waldrop, Mitchell (1993): *Inseln im Chaos. Die Erforschung komplexer Systeme*, Hamburg

Walz, Rainer (1998): *Grundlagen für ein nationales Umweltindikatorensystem: Erfahrungen mit der Weiterentwicklung des OECD-Ansatzes*. Zeitschrift für angewandte Umweltforschung, Jg. 11, Nr. 2, S. 252–265

WBCSD – World Business Council for Sustainable Development (2004): *Mobility 2030: Meeting the Challenges to Sustainability*. Project Report, Genf

WBGU – Wissenschaftlicher Beirat Globale Umweltveränderungen (1995): *Wege zur Lösung globaler Umweltprobleme*. Jahresgutachten 1995, Berlin u. a.

WBGU (1996): *Welt im Wandel. Herausforderungen an die deutsche Wissenschaft*. Jahresgutachten 1996, Berlin u. a.

WBGU (1998): *Welt im Wandel. Strategien zur Bewältigung globaler Umweltrisiken*. Jahresgutachten 1998, Berlin u. a.

WBGU (2000): *Welt im Wandel: Erhaltung und nachhaltige Nutzung der Biosphäre*. Jahresgutachten 1999, Berlin u. a.

WCED – World Commission on Environment and Development (1987): *Our common future*, Oxford

Weaver, Paul/Jansen, Leo/van Grootveld, Gerd/van Spiegel, Egbert/Vergragt, Philip (2000): *Sustainable Technology Development*, Sheffield

Weber, Matthias/Whitelegg, Katrin (2003): *Grundorientierungen einer Wissenschafts- und Forschungspolitik für nachhaltige Entwicklung*. In: Kopfmüller (2003), S. 113–135

Weizsäcker, Ernst von/Lovins, Amory/Lovins, Hunter (1995): *Faktor vier: Doppelter Wohlstand – halbierter Naturverbrauch. Der neue Bericht an den Club of Rome*, München

Welford, Richard (Hg.) (1997): *Hijacking Environmentalism: Corporate Responses to Sustainable Development*, London

Weller, Ines (2004): *Nachhaltigkeit und Gender. Neue Perspektiven für die Gestaltung und Nutzung von Produkten*, München

Weltbank (1999): *Weltentwicklungsbericht 1998/1999: Entwicklung durch Wissen*, Frankfurt a. M.

Willeke, Rainer (2003): *Nachhaltige Mobilität*. Zeitschrift für Verkehrswissenschaft, Vol. 74, Nr. 3, S. 129–159

Willke, Helmut (1993): *Systemtheorie entwickelter Gesellschaften. Dynamik und Riskanz moderner gesellschaftlicher Selbstorganisation*, Weinheim u. München

Wintzer, Detlev/Fürniß, Beate/Klein-Vielhauer, Sigrid/Leible, Ludwig/Nieke, Eberhard/Rösch, Christine/Tangen, Heinrich (1993): *Technikfolgenabschätzung zum Thema »Nachwachsende Rohstoffe«*, Münster-Hiltrup

World Bank (2005): *World Development Indicators*, Washington, D. C.

Wulsdorf, Helge (2005): *Nachhaltigkeit. Ein christlicher Grundauftrag in einer globalisierten Welt*, Regensburg

Yale Center for Environmental Law and Policy/Center for International Earth Science Information Network/World Economic Forum/Joint Research Center of the European Commission (2005): *2005 Environmental Sustainability Index. Benchmarking National Environmental Stewardship*, New Haven

Zehnder, Alexander J. B. (2002): *Wasserressourcen und Bevölkerungsentwicklung*. In: Parthier, B. (Hg.): Wasser – essentielle Ressource und Lebensraum. Nova Acta Leopoldina NF 85 (323), S. 399–418

Zellei, Anett (2003): *Remaining Challenges. Europeanisation of Agri-Environmental Policy in the Accession Countries*. Ökologisches Wirtschaften, Nr. 1, S. 18–19

Zieschank, Roland (2005): *Nachhaltigkeitsstrategien der Europäischen Union. Konzepte und Konfliktlinien aus umweltpolitischer Sicht*. In: Banse/Kiepas (2005), S. 85–100

Zilleßen, Horst/Dienel, Peter/Strubelt, Wendelin (Hg.) (1993): *Die Modernisierung der Demokratie. Internationale Ansätze*, Opladen

Zimmermann, Gunter (2001): *Armut*. In: Schäfers/Zapf (2001), S. 36–52

Zimmermann, Monika (1997): *Lokale Agenda 21. Ein kommunaler Aktionsplan für die zukunftsbeständige Entwicklung der Kommune im 21. Jahrhundert*. Aus Politik und Zeitgeschichte, Nr. B 27, S. 25–38

Abkürzungen

BIP	Bruttoinlandsprodukt
BUND	Bund für Umwelt- und Naturschutz Deutschland
CEQ	Council on Environmental Quality
CERES	Coalition for Environmentally Responsible Economics
CSD	Commission of Sustainable Development
DBK	Deutsche Bischofskonferenz
DIVERSITAS	International Programme of Biodiversity Science
DIW	Deutsches Institut für Wirtschaftsforschung
DUX	Deutscher Umweltindex
EC	European Commission
ECOSOC	UN Economic and Social Council
EEAC	European Environment and Sustainable Development Advisory Councils
EKD	Evangelische Kirche in Deutschland
ESD	Education for Sustainable Development
ESI	Environmental Sustainability Index
FAO	UN Food and Agriculture Organisation
FONA	Programm »Forschung für die Nachhaltigkeit« des Bundesministeriums für Bildung und Forschung
GAP	Gemeinsame Agrarpolitik der EU
GESIS	Gesellschaft Sozialwissenschaftlicher Infrastruktureinrichtungen
GRI	Global Reporting Initiative
HABITAT	United Nations Human Settlements Programme
HDI	Human Development Index
HGF	Helmholtz-Gemeinschaft Deutscher Forschungszentren
ICAO	International Civil Aviation Organization
ICLEI	International Council for Local Environmental Initiatives
IEA	International Energy Agency
IGBP	International Geosphere-Biosphere Programme
IHDP	International Human Dimensions Programme

IISD	International Institute for Sustainable Development
ILO	International Labor Organization
ISEW	Index of Sustainable Economic Welfare
IUCN	International Union for the Conservation of Nature
IWF	Internationaler Währungsfonds
LCA	Life Cycle Assessment
MAI	Multilaterales Investitionsabkommen
MONET	Monitoring Nachhaltiger Entwicklung
NGO	Nichtregierungsorganisation
OECD	Organisation for Economic Co-ooperation and Development
RNE	Rat für Nachhaltige Entwicklung
SRU	Sachverständigenrat für Umweltfragen
SRZG	Stiftung für die Rechte zukünftiger Generationen
UBA	Umweltbundesamt
UNCED	UN-Konferenz für Umwelt und Entwicklung
UNCHS	UN Centre for Human Settlements
UNCSD	United Nations Commission on Sustainable Development
UNCTAD	United Nations Conference on Trade and Development
UNDP	United Nations Development Programme
UNEP	United Nations Environmental Programme
UNESCO	United Nations Educational, Scientific and Cultural Organization
UNHCR	United Nations High Commissioner for Refugees
UNIDO	United Nations Industrial Development Organization
WBCSD	World Business Council of Sustainable Development
WBGU	Wissenschaftlicher Beirat der Bundesregierung Globale Umweltveränderungen
WCED	United Nations World Commission on Environment and Development
WCRP	World Climate Research Programme
WHO	World Health Organization
WTO	World Trade Organisation
WWF	World Wildlife Fund
ZUMA	Zentrum für Umfragen, Methoden und Analysen, Mannheim